Monika Klieber

Chipkarten-Systeme erfolgreich realisieren

Zielorientiertes Business-Computing

Herausgegeben von Stephen Fedtke

Die Reihe bietet Entscheidungsträgern und Führungskräften, wie Projektleitern, DV-Managern und der Geschäftsleitung, wegweisendes Fachwissen, das zeigt, wie neue Technologien dem Unternehmen Vorteile bringen können.

Die Autoren der Reihe sind ausschließlich erfahrene Spezialisten. Der Leser erhält daher gezieltes Know-how aus erster Hand. Die Zielsetzung umfaßt:

- Nutzen neuer Technologien und zukunftsweisende Strategien
- Kostenreduktion und Ausbau von Marktpotentialen
- Verbesserung der Wertschöpfungskette im Unternehmen
- Praxisorientierte und präzise Entscheidungsgrundlagen für das Management
- Kompetente Projektbegleitung und DV-Beratung
- Zeit- und kostenintensive Schulungen verzichtbar werden lassen

Ohne Wenn und Aber kommen die Autoren zur Sache. Das Resultat: Praktische Wegweiser von Profis für Profis. Für diejenigen, die heute anpacken, was morgen Vorteile bringen wird.

Der Herausgeber, Dr. *Stephen Fedtke*, ist Softwareentwickler, Berater und Fachbuchautor. Er gibt, ebenfalls im Verlag Vieweg, die Reihe „Zielorientiertes Software-Development" heraus, in der bereits zahlreiche Titel mit Erfolg publiziert wurden.

Bisher sind erschienen:

Unternehmenserfolg mit EDI
Strategie und Realisierung des elektronischen Datenaustausches
von Markus Deutsch

QM-Handbuch der Softwareentwicklung
Muster und Leitfaden nach DIN ISO 9001
von Dieter Burgartz

Client/Server-Architektur
Organisation und Methodik der Anwendungsentwicklung
von Klaus D. Niemann

DV-Revision
Ordnungsmäßigkeit, Sicherheit und Wirtschaftlichkeit von DV-Systemen
von Jürgen de Haas und Sixta Zerlauth

Chipkarten-Systeme erfolgreich realisieren
Das umfassende, aktuelle Handbuch
für Entscheidungsträger und Projektverantwortliche
von Monika Klieber

Monika Klieber

Chipkarten-Systeme erfolgreich realisieren

Das umfassende, aktuelle Handbuch für
Entscheidungsträger und Projektverantwortliche

Herausgegeben von Stephen Fedtke

ISBN-13: 978-3-322-86611-0   e-ISBN-13: 978-3-322-86610-3
DOI: 10.1007/978-3-322-86610-3

Vorwort

Die Chipkarten-Technologie hat sich inzwischen weltweit durchgesetzt. Das kleine Stück Plastik, versehen mit einem Chip, erleichtert das Bezahlen und Telefonieren, ist Datenträger, Identifikationskarte und Sicherheitsmodul. Damit eine Chipkarte funktionieren kann, wird ein recht komplexes System gebraucht, in dem Daten bearbeitet, übertragen und gespeichert werden. Mit dem Einsatz von Chipkarten können neue Geschäfte realisiert, Rationalisierungseffekte erzielt und das Sicherheitsniveau bestehender Anwendungen angehoben werden.

In diesem Buch sind Informationen über Chipkarten im Scheckkartenformat und Chipkartensysteme zusammengetragen, um Entscheidungsträgern die Festlegung der Chipkarten-Strategie und Projektmitarbeitern die Implementierung des Systems zu erleichtern. Die Chipkarten-Anwendung steht hier im Vordergrund.

In den ersten beiden Kapiteln ist dargestellt, wie sich der Chipkartenmarkt voraussichtlich in den nächsten Jahren entwickeln wird und welche Bedeutung die Chipkarte als Kleingeld-Ersatz erlangen kann. Die nächsten Kapitel folgen dem Prinzip, zuerst die generell für ein Chipkartenprojekt wichtigen Gesichtspunkte und dann die Einzelheiten der Karte und des Systems darzustellen. Woraus eine Chipkarte besteht, was mit ihr von der Herstellung bis zum Ende ihrer Verwendung geschieht und wie das System beschaffen ist, in dem sie eingesetzt wird, das sind Fragen, die in den Kapiteln 4 bis 6 behandelt werden. Diese Themen sind besonders wichtig für die Projektmitarbeiter, die ein Chipkartensystem planen und realisieren sollen.

Die Kapitel 7, „Sicherheitsaspekte" und 8, „Rechtsfragen" sind besonders für die Geschäftsführer bzw. Vorstände der Unternehmen wichtig, die Chipkarten herausgeben wollen. Die Sicherheit eines Chipkartensystems ist in den meisten Fällen von sehr großer Bedeutung, und die Verantwortung für die Sicherheit liegt bei der Geschäftsführung. Für die Einhaltung von Vorschriften und Gesetzen ist sie natürlich ebenso zuständig.

Auch Vertriebsmitarbeiter und Mitarbeiter in Spezialunternehmen, die sich mit Teilgebieten der Chipkarten-Technologie befassen, werden in diesem Buch Informationen zur Ergänzung ihres Spezialwissens finden. Das gilt auch für Marketing-Spezialisten, die an der Konzeption von Marketingmaßnahmen für Chipkarten arbeiten, und für Juristen, die auf dem Gebiet des Datenschutzes tätig sind.

Das Buch ist gedacht als Leitfaden für die Zeit von der Idee zu einer neuen Chipkarten-Anwendung bis zur Implementierung des neuen Systems. Es bietet keine „Kochrezepte" für neue Chipkarten, sondern zeigt, welche Fragenkomplexe bedacht werden müssen. Die eigenen Ideen des Lesers für neue Anwendungen kann es nicht ersetzen.

Monika Klieber

München, Februar 1996

Geleitwort

Sehr geehrte Leserinnen und Leser,

in der Weiterentwicklung des Handels ersetzte der Geldschein das materielle Tauschgeschäft – ein tiefer Einschnitt in die Kommunikation der Menschen miteinander, ein erheblicher Vorteil in der Internationalisierung des Handels. Hinderlich sind dabei noch unterschiedliche Währungssysteme. Mr. „Jedermann" muß sich im Zuge wachsender Globalisierung unserer Lebensabläufe, z. B. einer Reise durch verschiedene Länder, vorab mit jeweils abgeschätzt hinreichenden Mengen Geldes in unterschiedlichen Währungen versorgen.

Ein vereinfachendes Hilfsmittel ist ein international standardisiertes Stück Plastik, Medium für ein weltweit etabliertes System von Dienstleistungen. Ein vereinfachtes Abbuchungssystem – weltweit organisiert – ersetzt bei fairer, d. h. gesetzlich einwandfreier Handhabung für den Nutzer eine Vielzahl bislang erforderlicher Arbeitsgänge.

Mikroelektronik- und Software-Fortschritte ermöglichen weitere Vereinfachungen und erhebliche Verbesserungen von Arbeitsabläufen in unserem täglichen Leben.

Der Zahlungsverkehr der Zukunft wird sicherer, zuverlässiger und vielseitiger anwendbar: Die Magnetstreifen auf der bekannten Karte werden ersetzt durch Chips, Speicherchips zukünftig ersetzt durch intelligenter arbeitende Microcontrollerchips, zusätzlich versehen mit codierbarer kryptografischer Verschlüsselung – und das alles kleiner als 25 mm^2 – eingebettet in das Format der weltweit verbreiteten Kreditkarten, genützt in einem komplizierten, hochtechnischen System von kommunizierenden, datenverarbeitenden Geräten: einem Chipkarten-System.

In Deutschland, das zur Zeit neben Frankreich den weltweit bedeutendsten Chipkartenmarkt hat, liegen vielfältige Erfahrungen mit der technischen Realisierung und der Einführung von Chipkarten-Projekten vor.

Auf dem Gebiet der Halbleitertechnik, aber auch auf verschiedenen anderen technischen und organisatorischen Gebieten waren nicht unerhebliche Anstrengungen nötig, bis der heutige Stand der Chipkartentechnik erreicht werden konnte. Längst werden in Deutschland jährlich Chipkarten in dreistelligen Millionenauflagen hergestellt, und die technische Weiterentwicklung ist weiterhin in vollem Gange. Weiter verbesserte Produkte und ein noch weiter erhöhter Sicherheitsstandard ermöglichen universellere Verwendungen für Chipkartensysteme.

Das vorliegende Buch ist das erste, in dem Informationen über Chipkarten zusammengetragen sind, die über rein technische Aspekte hinausgehen. Es zeigt, wie vielfältig die Probleme sind, die mit Hilfe von Chipkarten gelöst werden können, und gibt Einblick in verschiedene Wissensgebiete und Fragestellungen, die zur erfolgreichen Einführung von Chipkarten beherrscht und bedacht werden müssen.

Lassen Sie uns den Fortschritt der Informationstechnik dienstbar machen und nutzen.

Jürgen Knorr

Vorsitzender des Bereichsvorstandes Halbleiter

Siemens AG

Februar 1996

Dank

Bei der Zusammenstellung dieses Buches haben mich Herr Winfried Gaal, Herr Dr. Albert Glade, Herr Thomas Kregeloh und mein Mann, Günter Klieber, mit ihrer Sachkenntnis, ihrem Rat und kritischen Anregungen unterstützt. Dafür danke ich ihnen sehr.

Monika Klieber

Inhaltsverzeichnis

1 Marktpotential und Entwicklungstendenzen

Bereits im Jahre 1968 wurde Jürgen Dethloff und Helmut Gröttrup ein erstes Patent auf einen in eine Karte integrierten Halbleiter erteilt. Weitere Patente in Japan und in Frankreich folgten in den siebziger Jahren. Mitte der achtziger Jahre gab es die ersten Karten im Masseneinsatz, und zwar in Frankreich und bald darauf in Deutschland als Telefonkarten.

Heute sind weltweit bereits mehrere hundert Millionen Chipkarten im Einsatz. Die internationale Chipkarten-Industrie beschäftigt inzwischen ca. 10.000 Menschen. Etwa 200 Firmen bieten Chipkarten, Endgeräte und Systeme an.

Weltweit wird der Chipkartenmarkt in den nächsten Jahren große Zuwachsraten haben. Dieses Marktwachstum kommt zustande, weil immer neue Chipkartenprojekte gestartet werden.

Bisher waren Deutschland und Frankreich, die Länder, in denen die langjährigsten Erfahrungen in bezug auf Chipkarten vorlagen, die Hauptmärkte für diese Technologie. In den nächsten Jahren werden die Märkte außerhalb Europas wichtig. Besonders in den USA wird die Chipkartentechnik auf breiter Basis etabliert werden.

Bisher werden Chipkarten vor allem als Telefonkarten eingesetzt. Das sind Karten mit Speicherchips. Neue Chipkarten werden vor allen Dingen als Zahlungskarten eingesetzt werden. Für solche Anwendungen wird das höhere Sicherheitsniveau verlangt, das sich nur mit Prozessorchipkarten erreichen läßt.

1.1   Marktprognosen

Das mengenmäßige Marktwachstum wird in den Jahren bis 1999 voraussichtlich bei etwa 40 % jährlich liegen, siehe Bild 1.1. Solche Zuwachsraten sind in der aktuellen weltwirtschaftlichen Situation absolut ungewöhnlich.

Innerhalb des betrachteten Zeitraums ist das größte Wachstum – nämlich mehr als eine Verfünffachung – im Marktsegment der Karten mit Prozessorchip zu erwarten. Auch die Menge der Speicherkarten mit Sicherheitslogik wird jährlich noch um ca. 30 % ansteigen. Karten, die zur Zeit am Markt nur wenig Bedeutung haben, die kontaktlosen Chipkarten und die Karten mit Kryptochip, werden innerhalb der nächsten vier Jahre deutlich an Marktbedeutung gewinnen.

Bild 1.1:
Marktentwicklung
weltweit
(Mio Stück)

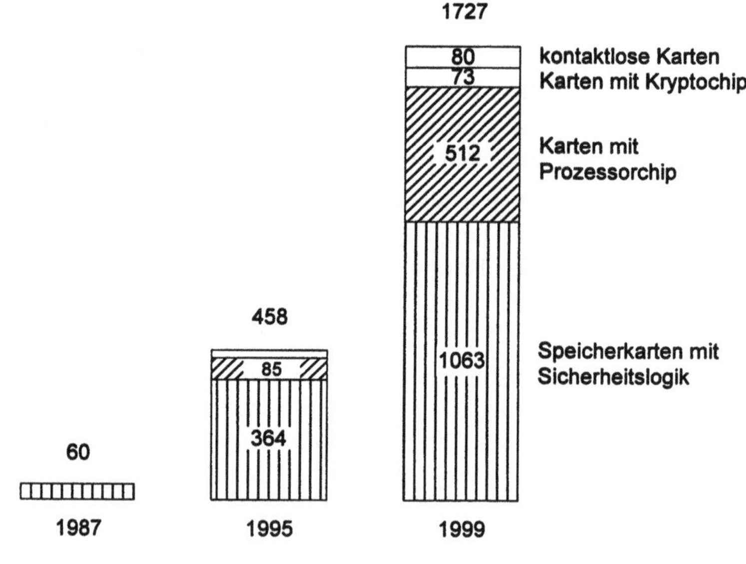

Für 1999 wird für in Karten integrierbare Chips, wie in Bild 1.2 dargestellt, ein Marktpotential von 1,602 Milliarden DM prognostiziert. Dieser Umsatz wird für die Chips vorausgesagt, die in die in Bild 1.1 dargestellten 1,727 Milliarden Chipkarten eingebaut werden. Für diesen Markt wird bis 1999 ein durchschnittliches jährliches Umsatzwachstum von ca. 37 % erwartet.

Die Steigerungsraten für die bis jetzt den Markt dominierenden Speicherchips werden im Durchschnitt der nächsten Jahre bei jährlich ca. 17 % liegen. Ein Vergleich mit dem für Speicherchips erwarteten mengenmäßigen Zuwachs, der bei durchschnittlich ca. 30 % pro Jahr liegen wird, zeigt, daß in diesem Marktsegment mit einem nennenswerten Preisverfall zu rechnen ist.

Der Anteil der Prozessorchips am weltweiten Chipumsatz wird 1999 etwa 59 % betragen. Dem für Prozessorchips im Jahresdurchschnitt erwarteten Umsatzzuwachs von 57 % steht ein Mengenzuwachs von jährlich ca. 39 % gegenüber. Auch in diesem Marktsegment gibt es also eine Tendenz zu Preissenkungen.

Bild 1.2:
Marktentwicklung
weltweit (Mio DM)

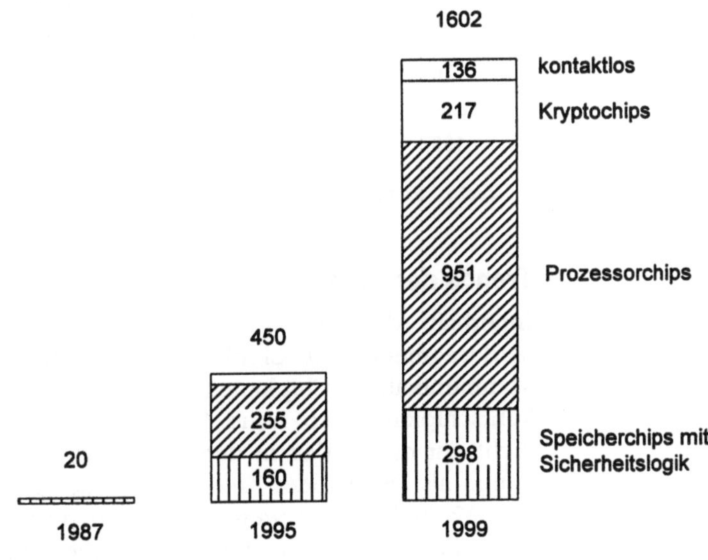

Wie in Bild 1.3 dargestellt, sind die wichtigsten regionalen Märkte zur Zeit Deutschland und Frankreich. Die höchsten Zuwachsraten werden in den nächsten Jahren in der asiatisch-pazifischen Region erwartet. Die Größe des Chipkartenmarktes in den USA wird in einigen Jahren wertmäßig betrachtet voraussichtlich 75 % des europäischen Chipkartenmarktes entsprechen.

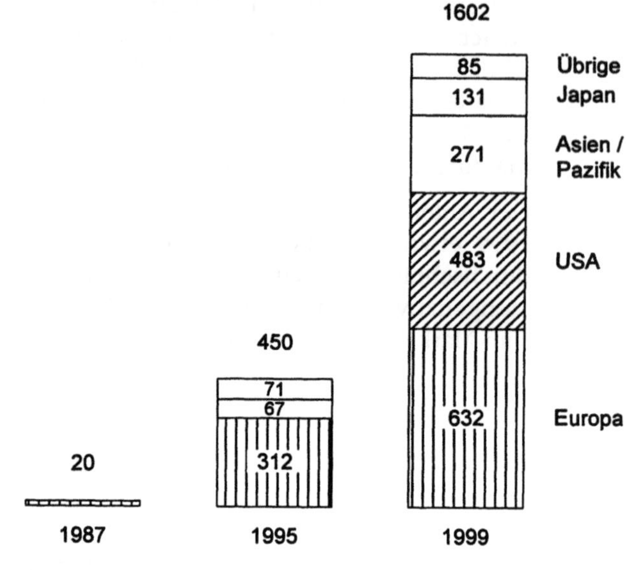

1.2   Trends der Chipkartenanwendungen

Innerhalb der nächsten Jahre wird das Umsatzvolumen des Marktsegments der Chipkarten im Zahlungsverkehr die Telekommunikations-Chipkarten überflügeln. Daß für Zahlungsverkehrschipkarten so hohe Steigerungen erwartet werden, liegt nicht nur daran, daß in den nächsten Jahren immer mehr Chipkarten als Debit- oder Kreditkarten oder als Electronic Purse auf den Markt kommen werden, sondern vor allem daran, daß für diese Zahlungskarten überwiegend die teureren Prozessorchipkarten verwendet werden. Für Zahlungskarten wird ein Sicherheitsniveau gefordert, das nur mit Prozessorchips zu erreichen ist.

Das bisher größte Marktsegment, die Chipkarten für die Telekommunikation, wird in den nächsten Jahren im Durchschnitt immer noch Zuwachsraten von jährlich ca. 15 % aufweisen, mit diesen Raten jedoch unter dem erwarteten Wachstum des Gesamtmarktes liegen. In weiteren Ländern (z. B. in den USA) werden Telefonchipkarten eingeführt werden. In den Ländern, in denen Telefonchipkarten bereits stark durchgesetzt sind, werden weitere Chipkarten-Telefone installiert (z. B. in Deutschland). In Ländern, in denen Telefonwertkarten auf anderer technischer Basis eingeführt worden sind, wird auf Chipkarten umgestellt (z. B. in Belgien).

Bild 1.4:
Marktentwicklung
weltweit (Mio DM) nach
Anwendung

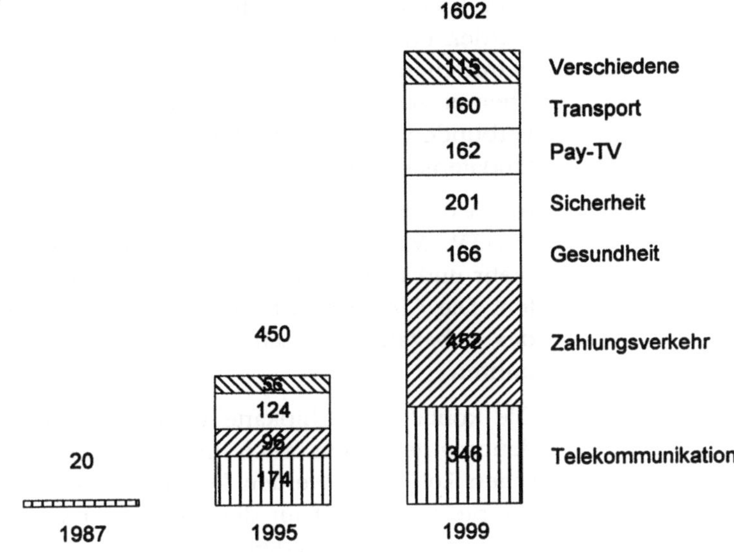

Quelle: Siemens AG

Bild 1.4 zeigt die Zuordnung der erwarteten Chipumsätze zu den verschiedenen Anwendungsbereichen.

Das drittgrößte Marktsegment wird der Markt der Sicherheitschipkarten sein. Dieses Marktsegment umfaßt Chipkarten für:

- die Kontrolle des Zutritts zu Hochsicherheitsbereichen wie z. B. Sicherheitszonen der Flughäfen,

- Zugangs- und Berechtigungskontrollsysteme für Computer, bei denen die PIN-Prüfung im Chip durchgeführt wird und die Zugriffsberechtigungen für Daten und Programme im Chip anstatt im Computersystem gespeichert sind,

- Chipkarten, mit denen digitale Signaturen für elektronisch erstellte und übertragene Daten erzeugt werden.

Das prozentual größte wertmäßige Wachstum wird von dem Marktsegment Gesundheitswesen erwartet. Dazu gehören einerseits die Krankenversichertenkarten, aber es schließt auch Karten ein, auf denen Patientendaten gespeichert werden, wenn auch die Diskussionen um Fragen des Datenschutzes besonders für diese Art von Anwendungen in Deutschland noch weitergeführt werden. Die Argumente der Datenschützer richten sich vor allem gegen die allgemeine Patientenkarte für jedermann, für die sie Mißbrauch befürchten. Chipkarten, in denen die aktuellen Diagnose- und Behandlungsdaten chronisch Kranker gespeichert sind, können jedoch sicher zum Nutzen der Patienten eingesetzt werden und auch kostensenkend wirken. Solche Karten, die die betroffenen Patienten nur dem behandelnden Arzt bzw. dem Therapiezentrum aushändigen, sind nicht mit den Nachteilen verbunden, die Datenschutz-Experten für die allgemeine Patientendatenkarte befürchten.

An Bedeutung gewinnen wird der Einsatz von Chipkarten für Pay-TV. Mit der wachsenden Programmvielfalt werden künftig mehr und mehr Programme in Form von Abonnements angeboten. Die Chipkarte ist dabei das Medium für die Verhinderung des unbezahlten Zuschauens und für die Abrechnung der Gebühren.

Die kontaktlose Chipkarte wird im öffentlichen Verkehr an Bedeutung gewinnen. Auch im neuen Chipkarten-Projekt der Deutschen Lufthansa werden kontaktlose Chipkarten eingesetzt. Als Haupteinsatzgebiet für diese Kartenart wird weltweit der öffentliche Personennahverkehr angesehen.

Weitere neue Chipkarten-Anwendungen wie Ausweise, Führerscheine und Chipkarten als Zugangsmedium für home banking und home shopping werden hinzukommen.

1.3 Entwicklung der Chiptechnologie

Die Preise für die Chips werden rückläufig sein. Zu rechnen ist mit einem Preisverfall von ca. 15 % pro Jahr. Der Grund dafür liegt einerseits in der Maturisierung der Märkte und andererseits darin, daß die Miniaturisierung der Chips weiter vorangetrieben wird. Dieselbe Menge an Informationen wird künftig auf viel kleinerer Fläche unterzubringen sein, bzw. auf derselben Fläche wie heute werden künftig viel mehr Informationen Platz haben.

Der stärkste Preisverfall wird im Marktsegment der Speicherkarten mit Sicherheitslogik erwartet.

Die Stromaufnahme künftiger Chipgenerationen wird tendenziell niedriger sein. Chips mit niedrigerer Stromaufnahme werden verstärkt in Chipkarten für Off-line-Handgeräte und in kontaktlosen Chipkarten eingesetzt werden.

Sowohl für ROM als auch für RAM und EEPROM-Speicher werden größere Speicherkapazitäten realisierbar sein.

Neue, heute noch in der Erprobung befindliche Technologien (z. B. Flash-EEPROM) werden praxisreif.

Die Modulherstellung wird optimiert und damit kostengünstiger werden. Durch verbesserte Modultechniken sind Chipgrößen bis 30 mm^2 denkbar.

Künftig werden also leistungsfähigere Prozessorchips als heute zur Verfügung stehen, die kostengünstiger hergestellt und angeboten werden können als die heutigen Chips.

In der Tabelle (Bild 1.5) sind die Leistungsdaten aufgeführt, die für Prozessorchips in den nächsten Jahren voraussichtlich zu erreichen sind.

Bild 1.5:
Technischer Fortschritt: Prozessorchips – Leistungsdaten

Jahr	1993....			2000
Geometrie	1,0 µm	0,8 µm	0,6 µm	0,4 µm
Spannungs-versorgung	4,5 - 5,5 V	2,7 - 5,5 V	1,8 - 5,5 V	1,8 - 5,5 V
Speicher				
RAM	256 Bytes	256 - 512 Bytes	256 - 1 K Bytes	256 - 2 K Bytes
ROM	≤ 16 K Bytes	≤24 K Bytes	≤64 K Bytes	> 64 K Bytes
EEPROM	≤ 8 K Bytes	≤16 K Bytes	≤64 K Bytes	> 64 K Bytes
Technologie	ROM EEPROM	ROM EEPROM	ROM Flash-EEPROM	ROM Flash-EEPROM
Lebensdauer (Zyklen)	≥ 10.000	≥ 100.000	500.000 - 1.000.000	≥ 1.000.000

Quelle: Siemens AG

1.4   Neue Dimensionen der Chipsicherheit

Die überlegene Sicherheit, die die mit einem Chip versehene Plastikkarte im Vergleich mit anderen Karten-Sicherheitstechniken schon heute erreicht hat, wird durch weitere Entwicklungen der Sicherheitstechnologie der Chips noch verbessert werden. Diejenigen, die versuchen wollen, im Rahmen von Chipkarten-Systemen zu betrügen, werden hinzulernen. Die Halbleiterindustrie wird deshalb weiterhin anstreben, mit der serienmäßig verfügbaren Sicherheitstechnik den möglichen Angreifern eines Systems immer eine Nasenlänge vorauszubleiben.

Gearbeitet wird an der Entwicklung von Sensoren, die auf dem Chip untergebracht werden können. Dabei handelt es sich z. B. um Licht- und Temperatursensoren. Damit wird es möglich sein, die Selbstzerstörung des Chips bei Erreichen bestimmter Werte zu programmieren, so daß Versuche, den Chipinhalt zu analysieren, automatisch zur Unbrauchbarkeit des Chips führen.

Die Chipkarte – das neue Geld?

Die größten und wichtigsten derzeit in Europa gestarteten Chipkarten-Projekte sind sogenannte Electronic Purse-Projekte. Die Frage, welche Bedeutung die Chipkarte als Geldersatz haben wird, bewegt die Gemüter. Sicher ist dieses Thema eines der meistdiskutierten Chipkarten-Themen, hat Geld doch für jeden etwas Magisches. Man liest hin und wieder von der „cashless society" oder gar von der „moneyless society". Damit ist eigentlich nicht gemeint, was die Begriffe suggerieren – nämlich, daß es kein Bargeld oder gar überhaupt kein Geld mehr geben wird. Gedacht ist daran, daß das Geld, besonders das Bargeld, eine andere Form annehmen könnte, die einer Chipkarte.

Dieser Gedanke ist naheliegend; schließlich hat Geld von der Zeit an, als Muscheln Zahlungsmittel waren, vielfach seine Erscheinungsform geändert. Die mobile Gesellschaft hat sich von Banknoten und Münzen mit Hilfe von Schecks, Kreditkarten und Reiseschecks immer unabhängiger gemacht. Der „Überblick über bestehende Chipkartensysteme" in Anhang I zeigt, daß es bereits eine Reihe von Systemen gibt, in denen Chipkarten Zahlungsfunktion haben. Auch Systeme, in denen die Chipkarte als elektronische Geldbörse eingesetzt wird, existieren bereits in verschiedenen europäischen Ländern, in Afrika, in Asien und in den USA.

In diesen neuen, als Electronic Purse bezeichneten Systemen hat die Chipkarte in jeweils spezifischer Ausprägung eine bestimmte Rolle innerhalb des Geldkreislaufs eingenommen.

Die Frage, ob Chipkarten Banknoten und Münzen tatsächlich sehr weitgehend ersetzen können, betrifft uns alle. Es würde unseren Alltag sehr verändern, wenn die Münzen nicht mehr in der Hosentasche klappern, der Klingelbeutel nicht mehr klingelt und beim Bezahlen oder Geldzählen keine Banknoten mehr rascheln.

Das Potential für elektronische Geldbörsen ist groß. Geht man davon aus, daß sie vor allen Dingen für die Bezahlung kleiner Beträge in Frage kommen, können sie ein weites Einsatzfeld finden. In den entwickelten Ländern liegen 70 % aller Zahlungstransaktionen unterhalb eines Betrages, der einem Wert von 2 US$ entspricht. Allein im deutschen Einzelhandel werden täglich 30 Millionen Zahlungsvorgänge unter DM 50,- bar abgewickelt.

Um zu einem Urteil zu kommen, ob es denkbar ist, daß Chipkarten künftig Bargeld ganz und gar ersetzen, muß man sich mit der Frage auseinandersetzen, wieweit Chipkarten dieselben Eigenschaften annehmen können wie Banknoten und Münzen.

2.1 Funktionsschema einer Electronic Purse

In Bild 2.1 sind an einem Beispiel die Funktionsabläufe innerhalb eines *Electronic Purse*-Systems dargestellt.

Bild 2.1:
Ablauf einer Electronic Purse Zahlung

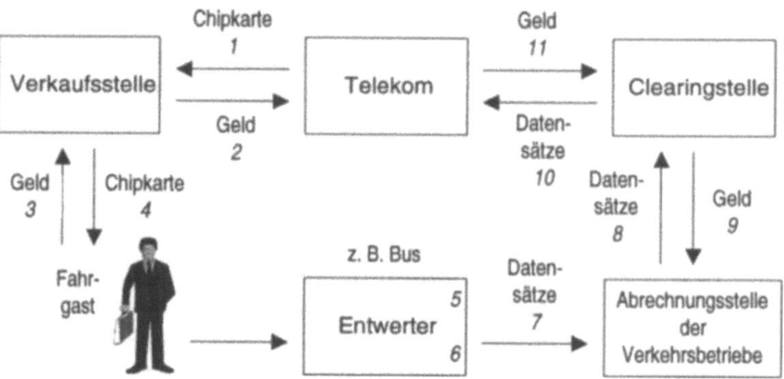

1. Die Telekom gibt die Chipkarte an eine Verkaufsstelle.

2. Die Verkaufsstelle zahlt an die Telekom.

3. Der Fahrgast zahlt Geld an die Verkaufsstelle

4. Der Fahrgast bekommt die Chipkarte von der Verkaufsstelle.

5. Im öffentlichen Verkehrsmittel wird die Chipkarte entwertet bzw. teilentwertet.

6. Im Zahlgerät, in das der Entwerter integriert ist, wird ein Datensatz über den entwerteten Betrag gebildet.

7. Die in den Zahlgeräten gesammelten Datensätze werden an die Abrechnungsstelle der Verkehrsbetriebe übermittelt.

8. Von der Abrechnungstelle der Verkehrsbetriebe werden die Datensätze an eine Clearingstelle weitergeleitet.

9. Die Clearingstelle schickt den Geldbetrag, der den eingereichten Datensätzen entspricht, an die Abrechnungsstelle der Verkehrsbetriebe.

10. Die Clearingstelle übermittelt die Datensätze an die Telekom.

11. Die Telekom zahlt der Clearingstelle den Geldbetrag, der den eingereichten Datensätzen entspricht.

Mit einer *Electronic Purse* in Form einer Chipkarte können kleinere Beträge bezahlt werden. Der Einfachheit halber geht diese Darstellung von zwei Leistungen aus, die mit der Karte bezahlt werden können, und zwar benutzt ein Fahrgast eine Telefonwertkarte, um ein Busticket zu kaufen. Dieses Schema entspricht der Zahlungsabwicklung im Feldversuch der Kieler Verkehrsbetriebe.

Bei diesem Bezahlungsvorgang wird, vom rechtlichen Standpunkt aus betrachtet, gar kein Geld verwendet. Das Busunternehmen hat dadurch, daß es die Aufzeichnungen über die erfolgten Transaktionen bei einer Bank einreicht, Anspruch auf Gutschrift des kumulierten Betrages auf seinem Konto. Erst nach erfolgter Gutschrift hat das Busunternehmen Geld erhalten. Der Anspruch auf Gutschrift durch eine Bank besteht allerdings nicht per se, sondern erst dann, wenn der Einreicher einen entsprechenden Vertrag mit einem Kreditinstitut geschlossen hat.

2.2   Vergleichbarkeit von Electronic Purse und realer Geldbörse

Ein wichtiger Unterschied zwischen Electronic Purse und realer, mit Banknoten und Münzen gefüllter Geldbörse ist, daß Electronic Purses keine offiziellen Zahlungsmittel sind. Das heißt, daß die Bezahlung mittels Electronic Purses und die Akzeptanz von Electronic Purse-Zahlungen absolut freiwillig sind.

Um mit Bargeld weitgehend vergleichbar zu sein, müßte eine Electronic Purse Eigenschaften haben, die denen von Banknoten und Münzen sehr ähnlich sind. Zahlungen aus einer realen Geldbörse können wie folgt beschrieben werden:

1. Die Zahlung erfolgt anonym.
2. Um eine Zahlung daraus leisten zu können, muß die Geldbörse gefüllt sein.
3. Es ist technisch problemlos, die Börse aufzufüllen.
4. Man kann Kleinbeträge für jede beliebige Ware oder Dienstleistung aus der Börse bezahlen.
5. Man kann von der Börse des Käufers direkt in die Börse des Verkäufers bezahlen.
6. Jeder, der am Geldkreislauf teilnimmt, hat ausreichend Anhaltspunkte dafür, ob die Geldeinheiten echt sind.
7. In Zweifelsfällen ist für die Entscheidung über die Echtheit der Geldeinheiten eine neutrale Institution zuständig.
8. Geldeinheiten, die von der zuständigen neutralen Institution als nicht echt deklariert worden sind, müssen dem Geldkreislauf entzogen werden.

Die ersten vier dieser Eigenschaften kann eine Chipkarte ohne weiteres aufweisen. Technische Einschränkungen, diese vier Punkte zu erfüllen, gibt es nicht. Daß die Zahlungen anonym erfolgen sollten, ist ganz im Sinne des Datenschutzes. Der Verbraucher soll davor geschützt werden, daß sein Zahlungsverhalten und seine Konsumgewohnheiten nachvollziehbar und vollkommen transparent werden.

Die Punkte 6, 7 und 8 beziehen sich auf Geldeinheiten. Geldeinheiten sind aber in den Konzepten der Electronic Purse-Systeme gar nicht vorgesehen. In einer Geldbörse sind nach einer Auffüllaktion bzw. nach einem Zahlungsvorgang eine andere Anzahl von Scheinen und Münzen vorhanden als vorher. In einer Electronic Purse ist ein anderer Saldo als vor dem Vorgang vorhanden. Geldeinheiten, so wie Bargeld sie repräsentiert, gibt es nicht. Weil es keine Geldeinheiten gibt, auf die die Aussagen 6, 7 und 8 zutreffen, sollten aus Sicherheitsgründen in einem Electronic Purse-System keine Zahlungen von Börse zu Börse möglich sein. Die obige Abbildung 2.1 zeigt ein System, in dem nicht direkt von der Börse des Käufers in die Börse des Verkäufers bezahlt wird. Zwar werden aus der Karte Einheiten abgebucht, doch entstehen mit der Transaktion keine Geldeinheiten auf der Seite des Zahlungsempfängers. Es werden lediglich Datensätze gebildet, die nach Weiterleiten an eine Clearingstelle den Anspruch auf Geldfluß repräsentieren.

Was würde es in der Praxis bedeuten, wenn das anders gehandhabt würde und Zahlungen auch elektronisch direkt von Geldbörse zu Geldbörse geleistet würden?

Banknoten und Geldmünzen werden mit hohem Aufwand mit Merkmalen versehen, damit die Punkte 6 ,7 und 8 erfüllbar sind. Mit welchen Echtheitsmerkmalen könnte man durch elektronische Informationen dargestelltes Geld versehen? Physikalische Merkmale scheiden aus, weil sie sich nicht elektronisch übertragen lassen. Logische Merkmale können während der Zahlungstransaktion vorhanden sein. Sie sind jedoch für den Menschen nicht sichtbar und ohne Prozessorleistung nicht nachvollziehbar. Die Teilnehmer am Geldkreislauf haben also nicht solche Anhaltspunkte für die Echtheit von Geldeinheiten wie bei Bargeld (siehe Punkt 6).

Die in den Punkten 7 und 8 genannten Eigenschaften sind in Electronic Purse-Systemen nicht zu erreichen, weil keine Geldeinheiten vorhanden sind. Nur mit völlig anderen Mitteln als bei Banknoten und Münzen können Sicherheitsmaßnahmen etabliert werden. Ein Beispiel für solche Schutzmaßnahmen, das System der belgischen PROTON Electronic Purse, ist in Abschnitt 2.3 dargestellt.

2.3   Die Falschgeld-Problematik

Natürlich wird in keinem Währungssystem Falschgeld geduldet werden. Wenn ein falscher Geldschein unbemerkt in den Geldkreislauf gelangt, so kann er zu jedem beliebigen Zeitpunkt wieder aus dem Geldkreislauf entfernt werden. Da Geldeinheiten, die man prüfen könnte, in Electronic Purse Systemen nicht vorhanden sind, kann nur durch Aufzeichnungen über die Systemaktivitäten laufend geprüft werden, ob die Saldierungen korrekt sind. Dafür gibt es unterschiedliche Modelle. Ein Modell, das in verschiedenen Ländern eingesetzt werden wird, ist in Belgien für die PROTON Electronic Purse entwickelt worden. Es ermöglicht, daß unklare Transaktionen bis zu ihrem Verursacher zurückverfolgt werden können.

Im belgischen Proton-System werden Aufzeichnungen der Saldierungen für jede Karte geführt. Dort, wo diese Aufzeichnungen geführt werden, liegen keine Informationen über die Identität des Karteninhabers vor. Die Anonymität der Person, die etwas bezahlt, ist an dieser Stelle gewahrt. Erscheint jedoch im Rahmen der Zahlungsvorgänge ein nicht plausibler Kartensaldo, kann auf den Verursacher rückgeschlossen werden, indem die emittierende Bank eingeschaltet wird. Der Bank ist die Identität der Karteninhaber bekannt. Sie zeichnet bei der Ausgabe von PROTON-Chipkarten die entsprechende Nummer der Karte auf, zusammen mit den Informationen über den Kontoinhaber, für den die Karte ausgestellt wurde.

ecash

Zur Zeit wird im Internet erstmals ein Zahlungssystem in der Praxis erprobt, das für die Bezahlung innerhalb von Computernetzen entwickelt wurde. Dieses System mit der Bezeichnung ecash, das von der holländischen Firma digicash erdacht wurde, verwendet Einheiten, die Geldwert repräsentieren, jedoch auch kein Geld sind. Bezeichnet werden diese Einheiten deshalb als Cyberdollar. Diese Werteinheiten werden zwischen den Teilnehmern ausgetauscht. Den in den obengenannten Punkten 1 bis 8 beschriebenen Eigenschaften von Banknoten und Münzen entspricht es weitgehend. Aber auch in diesem System hat nicht jeder, der am Geldkreislauf teilnimmt, ausreichend Anhaltspunkte für die Echtheit der Einheiten.

2.4 Verwendbarkeit elektronischer Geldbörsen

Denkbar sind sehr viele Einsatzmöglichkeiten. Besonders interessant ist die Verwendung von elektronischen Geldbörsen an jeder Art von Selbstbedienungsautomaten, weil dadurch der Vandalismus sinkt, die Verfügbarkeit der Leistung erhöht wird und die Wartungskosten niedriger sind. Für den Benutzer einer Electronic Purse ist die bequeme und schnelle Handhabung angenehm. Er steht nie ohne das passende Kleingeld da. Electronic Purses eignen sich zur Bezahlung von Kleinbeträgen für Gebühren und Eintritt, Waren und Dienstleistungen, z.B.

in

- Parkhäusern und auf öffentlichen Parkplätzen
- Waschsalons

an

- Fahrkartenautomaten
- Getränkeautomaten
- Zeitungsautomaten
- Zigarettenautomaten

für

- Schwimmbäder
- Saunen
- Skilifte
- und vieles andere

Elektronische Geldbörsen sind Geldersatz. In einem Electronic Purse System sind Informationen über Zahlungstransaktionen vorhanden, die jedoch kein Geld, sondern lediglich den Anspruch auf Geldfluß repräsentieren. Jeder, der an einem solchen System teilnimmt, wird sich das Recht auf Umwandlung der Informationen in Geld vertraglich sichern. Als Verrechnungsstellen für Electronic Purse-Systeme werden in Deutschland Banken und Sparkassen fungieren, deren vorhandene Infrastruktur dafür geeignet ist.

So universell verwendbar wie Banknoten und Münzen wird eine Electronic Purse für den Verbraucher nicht sein, weil es jedem Empfänger von Zahlungen freigestellt ist, sich an einem Electronic Purse System zu beteiligen und die entsprechenden technischen Einrichtungen dafür anzuschaffen. Dadurch, in welchem Maße sich Handel und Dienstleistungsunternehmen Electronic Purse-Systemen anschließen, wird die Einsetzbarkeit elektronischer Geldbörsen bestimmt.

2.5   Strafbarkeit von Geldfälschungen

In diesem Punkt gibt es für den Einsatz von elektronischen Geldbörsen noch Regelungsbedarf seitens des Gesetzgebers. Jeder Bürger kennt den Satz, der auf jeder Banknote stand, bevor die neue Banknoten-Serie in Deutschland eingeführt wurde: „Wer Banknoten nachmacht oder verfälscht oder nachgemachte oder verfälschte Banknoten in Umlauf bringt, ...". Da elektronisches Geld nicht unmittelbar mit Banknoten und Münzen vergleichbar ist, scheint die Anwendung derselben Rechtskriterien wie bei Banknoten und Münzen zumindest problematisch.

2.6   Wechselwirkungen mit der Geldpolitik

Die Einführung von Electronic Purse Systemen bedeutet eine weitere Rationalisierungsstufe der durch den automatisierten Zahlungsverkehr bereits weitgehend elektronisch bearbeiteten Geldflüsse. Daß der Übergang zu elektronischem Geld langfristig die Umlaufgeschwindigkeit erhöht, wird kaum bestritten. Durch eine Reduzierung des Geldangebotes könnte diese Entwicklung neutralisiert werden. Für die Effizienz der Geldpolitik könnte sich die Umlaufgeschwindigkeit dennoch als problematisch erweisen:

a) Eine hohe Umlaufgeschwindigkeit (manchmal ist schon von einer bis ins Unendliche gehenden Geschwindigkeit die Rede) erfordert statt einer globalen Steuerung eine lückenlose Kontrolle der Geldmenge, da jede Abweichung vom Geldmengenziel um das Mehrfache multipliziert wird.

b) Nicht nur die absolute Höhe, sondern auch die existierenden kurzfristigen Schwankungen der Umlaufgeschwindigkeit werden durch die Zahlungsverkehrstechnik beschleunigt.

Eine instabile Geldnachfrage und eine dementsprechend schwankende, gleichzeitig aber hohe Umlaufgeschwindigkeit bedeuten einen Unsicherheitsfaktor für die Geldmengensteuerung.

2.7   Fazit

Die Forderungen nach Anonymität und nach Sicherheit sind bei Electronic Purse-Systemen nicht gleichzeitig in vollem Umfange zu erfüllen.

Nur dann, wenn eine Institution Karten ausgibt, mit denen nur ihre eigenen Leistungen bezahlt werden können, ist die Anonymität der Zahlungen möglich. Diese Institution trägt allein das Risiko, daß sie durch Mißbrauch Verluste erleidet. Ob und wie sie sich vor Verlusten schützt, ist allein ihre Angelegenheit.

So liegen die Dinge z. B. bei der vorbezahlten Telefonkarte der Telekom.

Ist eine vorbezahlte Karte als ein allgemeines Zahlungsmittel verwendbar, ähnlich wie Banknoten und Münzen, gibt es verschiedene Institutionen, die ein Interesse haben, daß Betrugsfälle erkannt werden. Für Banknoten wurden in allen Ländern Maßnahmen ergriffen, mit denen Falschgeld eliminiert wird. In allen Ländern gibt es Geldkreisläufe, innerhalb derer die Echtheit der umlaufenden Noten immer wieder geprüft wird. Entsprechende Einrichtungen kann es für Electronic Purse-Systeme nicht geben, weil keine Werteinheiten im Sinne von Banknoten vorhanden sind. Eine Ausnahme ist lediglich das ecash-System, in dem solche kontinuierlichen Prüfverfahren theoretisch denkbar wären.

In Electronic Purse-Verfahren können Betrugsfälle nur mit Hilfe System-interner Aufzeichnungen entdeckt werden. Diese Aufzeichnungen schränken die Anonymität der Zahlungen ein.

Electronic Purse Systeme sind sowohl für die Systembetreiber als auch für die Benutzer attraktiv. Bargeld werden sie jedoch nicht vollständig ersetzen können, unter anderem deshalb, weil aus Sicherheitsgründen keine Zahlung von Geldbörse zu Geldbörse damit möglich sein sollte.

Wie erfolgreich elektronische Geldbörsen sein können, hängt ganz wesentlich davon ab, zu welchen Konditionen sie angeboten werden und daß die Verbraucher möglichst von Anfang an viele Einsatzmöglichkeiten für ihre Electronic Purse vorfinden. Elektronische Geldbörsen haben für die Verbraucher einen Nachteil, der nicht zu beseitigen ist: Wieviel Werteinheiten sie enthalten, kann man nur mit einem Spezialgerät sichtbar machen.

Im Zusammenhang mit der Einführung von Electronic Purse Systemen müssen rechtliche und geldpolitische Fragen behandelt und geregelt werden. Große Bedeutung erhält dabei die Frage, zu welchem Zeitpunkt die elektronische Zahlung Geld ist. Bei Banknoten ist der Zeitpunkt, zu dem sie Zahlungsmittel werden, bestimmt. Sie sind es nicht etwa schon nach der Herstellung, sondern erst nach der Ausgabe durch die Bundesbank.

Die Chipkartenstrategie

Die Einsatzmöglichkeiten von Chipkarten sind äußerst vielfältig. Die richtige Strategie, ein entsprechendes Chipkartensystem, in dem die Karte nur eine von mehreren Komponenten ist, und gezielte Marketingmaßnahmen sind ausschlaggebend für den Erfolg. In diesem Kapitel geht es um strategische Gesichtspunkte und darum, daß Chipkartensysteme natürlich auch für ihre Benutzer interessant sein sollten.

Seit Jahrzehnten sind Karten aus Plastikmaterial, wie z.B. Kreditkarten, weltweit im Einsatz. Um Daten darauf zu speichern, waren sie von Anfang an mit einer Hochprägung oder einem Magnetstreifen versehen. In bestimmten Fällen wurden auch die Hochprägung und der Magnetstreifen kombiniert.

Von hochgeprägten Karten kann mit sehr einfachen Geräten, für die nicht einmal ein Stromanschluß erforderlich ist, ein Abdruck auf Papier hergestellt werden. Auf diese Art ist es möglich, die Karten selbst in sehr entlegenen Gegenden zu verarbeiten.

Mit Magnetstreifen versehene Karten werden in speziellen Lesegeräten gelesen. Die Magnetstreifen können auch wieder beschrieben werden. Für die Bearbeitung von Magnetstreifen ist eine Systemumgebung erforderlich, in der die Endgeräte mit Computersystemen kommunizieren können. Belegbearbeitung in Papierform entfällt im Normalfall.

Inzwischen steht eine weitere ausgereifte Technik zur Verfügung, Daten auf Karten zu speichern: die Chipkarte. Aber mit dem Chip ist vieles mehr möglich als Daten zu speichern.

3.1   Vorteile der Chipkarte

Der Hauptkonkurrent der Chipkarte ist die Magnetstreifenkarte, die nach wie vor preisgünstiger herzustellen ist. Im Vergleich zu der Magnetstreifenkarte hat die Chipkarte aber gewichtige Vorteile:

- Die Chipkarte ist sicherer als die Magnetstreifenkarte, weil die Daten vor unberechtigtem Auslesen und Verfälschen wirksam geschützt werden können.

- Durch die eigene Verarbeitungslogik der Prozessorchipkarten ist es möglich, sie off line einzusetzen. Das heißt, daß für die Verarbeitung von Chipkarten keine permanente Verbindung zu einem Rechnernetz erforderlich ist.

- Dadurch, daß geheime Schlüssel sicher im Chip gespeichert werden und Prozessorchips kryptografische Funktionen ausführen können, sind Chipkarten als Krypto-Einheiten geeignet.

- Die Speicherkapazität von Chipkarten ist wesentlich größer als die von Magnetstreifenkarten.

- Chipkarten haben eine erheblich höhere Lebensdauer als Magnetstreifenkarten. Man geht von etwa 10 Jahren bzw. 10.000 Schreibzyklen aus.

- Chipkarten sind viel unempfindlicher gegen mechanische Beschädigung und magnetische Störungen.

- Mit Chipkarten ist eine spätere funktionale Erweiterung leicht möglich. Dadurch, daß für die Kommunikation mit dem Chip genormte Schnittstellen verwendet werden, die für die verschiedenen Chiptypen gleich sind, kann je nach Bedarf auf einen anderen Chiptyp umgestellt werden.

3.2   Hauptziele der Chipkarten-Einführung

Die Ziele, die Unternehmen, Verbände oder Behörden mit der Ausgabe von Chipkarten verfolgen, können sehr unterschiedlich sein.

Ein Unternehmen, das den Einsatz von Chipkarten plant, will seinen Kunden etwas Neues bieten, seinen Kundenkreis erweitern, eine Umsatzsteigerung erzielen, seinen Marktanteil erhöhen.

Unternehmen konzipieren Chipkarten, um völlig neue Produkte und Dienstleistungen anbieten zu können. Chipkarten werden eingeführt, um Kosten, z. B. Beispiel die Kosten für das Zählen, Bündeln, Rollen und Transportieren von Bargeld, zu senken oder administrative Aufgaben zu rationalisieren.

Beispiele im nächsten Kapitel zeigen, was mit Chipkarten in den verschiedensten Anwendungen erreicht wurde.

Chipkarten bieten aber auch die Chance, bestehende Produkte oder Serviceleistungen für den Kunden interessanter und bequemer zu machen. Darüber hinaus kann mit den Möglichkeiten der Chipkarte eine neue Dimension an Sicherheit erreicht werden.

Chipkartensysteme werden eingesetzt, um den Zugriff auf Computersysteme durch Unbefugte auszuschließen. Der Mißbrauch und die Manipulation innerhalb von Computersystemen haben zugenommen, und nur der Einsatz von Chipkarten kann wirksam verhindern, daß Unbefugte auf ein Computersystem und seine Daten zugreifen können.

3.3   Ausgangssituation

Die Ausgangssituationen der Unternehmen, in denen über den Einsatz von Chipkarten nachgedacht wird, können sehr unterschiedlich sein. Auf jeden Fall liegen zwischen der Idee und dem ersten Einsatz der Karte viele Entscheidungen und vorbereitende Arbeiten. Der Erarbeitung der Strategie muß eine konsequente technische und organisatorische Umsetzung folgen.

Das Beispiel des Kreditkartenmarktes in Deutschland zeigt, wie sehr sich die Bedingungen, die bei der Produkteinführung gegeben sind, auf die Chancen neuer Produkte auswirken. Kreditkarten haben für den Karteninhaber im wesentlichen die folgenden Funktionen:

- Mit ihrer Hilfe ist der Karteninhaber jederzeit, an jedem Ort zahlungsfähig.

- Über die Karte kann Kredit in Anspruch genommen werden.

- Kreditkarten reduzieren die Notwendigkeit des Geldumtauschs bei Reisen in das Ausland.

- Kreditkarten geben Prestige und lassen den Karteninhaber zahlungsfähig, modern und vertrauenswürdig erscheinen.

In Deutschland waren diese Funktionen zur Zeit der Einführung von Kreditkarten weitgehend durch andere Produkte abgedeckt. Man konnte bereits fast überall mit der weitverbreiteten und ebenfalls prestigeträchtigen eurocheque-Karte und dem eurocheque bezahlen. Zur Erlangung von Krediten stand das Instrument des Konsumentenkredits zur Verfügung. Lediglich für Auslandsreisen gab es in Deutschland noch kein den internationalen Kreditkarten vergleichbares Produkt. Die internationalen Einsatzmöglichkeiten von eurocheque-Karte und eurocheque stehen hinter denen der internationalen Kreditkarten zurück. Daß Kreditkarten in der deutschen Bevölkerung nicht in demselben Maße durchgesetzt sind wie in anderen Ländern, ist vor allem auf diese Umstände zurückzuführen.

Jedes Chipkartenprojekt hat seine eigenen Aspekte, die von der Ausgangssituation und den während der Planungsphase zu treffenden strategischen Entscheidungen bestimmt werden. Die Ausgangssituationen können sein:

- Es wird eine völlig neues Chipkartensystem kreiert. Die Leistung, die im Zusammenhang mit der Karte angeboten wird, gab es bisher noch nicht.

  Ein Beispiel dafür ist die Mobilfunkkarte, die in Deutschland in den Netzen D1 und D2 verwendet wird. International wurde unter der Bezeichnung GSM (Groupe Special Mobile) ein Standard genormt, der sich inzwischen weltweit durchsetzt und jetzt international als Global System for Mobile Communications bezeichnet wird.

- Für eine Funktion, die bisher mit Hilfe eines anderen Mediums, z. B. Papier oder Münzgeld, abgearbeitet wurde, wird eine Chipkarte eingesetzt.

  Die Krankenversichertenkarte ersetzte den bisherigen Krankenschein aus Papier.

  Die Telefonwertkarte wird anstelle von Münzen benutzt.

  Electronic Purse Chipkarten werden anstelle von Münzen und Banknoten verwendet.

  Bei der neuen kontaktlosen Chipkarte der Deutschen Lufthansa werden die Bordkarten-Daten in den Chip geladen. Mit dieser neuen, als ChipCard bezeichneten Karte werden Check-in und Boarding automatisiert.

  In den USA werden anstelle von Food Stamps aus Papier Chipkarten eingesetzt.

- Eine Funktion, die bisher mit einer Karte ohne Chip abgewickelt wurde, wird in einer Chipkarte herausgebracht.

  Ein Beispiel: Die Kartenorganisation VISA hat in Zusammenarbeit mit führenden Chipkarten-Herstellern und den Organisationen MasterCard und Europay eine Spezifikation für eine Kreditkarten-Chipkarte erarbeitet.

- Eine vorhandene Karte und die in einer anderen Karte in einem Chip vorhandene Funktion werden zu einem neuen Kartenangebot kombiniert.

  So geschehen bei der AirPlus-Karte, als in die bisherige AirPlus-Kreditkarte ein Chip mit der Funktion der Telefonbuchungskarte der Deutschen Telekom integriert wurde.

- Eine vorhandene Chipkarte wird durch eine neue Chipfunktion ergänzt.

  Das war zum Beispiel bei der C-Tel Karte der Fall, als die C-Netz-Funktion durch die Funktion der Telefonbuchungskarte ergänzt wurde.

Die Schwerpunkte der Planungs- und Vorbereitungsarbeiten für ein Chipkartensystem sind je nach Ausgangssituation sehr unterschiedlich. Für ein ganz und gar neues System wird die Realisierung der entsprechenden Infrastruktur einen großen Teil des erforderlichen Aufwandes beanspruchen. Sind verschiedene Systempartner beteiligt, werden die rechtlichen Aspekte und die Erarbeitung von Verträgen einen breiten Raum einnehmen.

3.4 Gründe, Chipkarten einzuführen

Für das Entstehen von Chipkartensystemen gibt es die unterschiedlichsten Anlässe. Die Absicht, die Sicherheit bestehender Systeme zu erhöhen, ist sicher einer der wichtigsten Gründe, auf Chipkarten zu setzen. Aber auch andere Gesichtspunkte spielen eine Rolle.

Beispiel: Bankkarten in Frankreich

In Frankreich wurde die Chipkarte als Zahlungskarte eingeführt, weil mit dem Schecksystem große Probleme auftraten. Die Fälle, in denen Kunden mit Schecks bezahlten, für die keine Deckung vorhanden war, hatten überhand genommen. Darüber hinaus hatte die verbreitete Angewohnheit französischer Käufer, auch Kleinstbeträge mit Schecks zu begleichen, zu nicht mehr tragbaren Kosten für die Scheckbearbeitung geführt.

Beispiel: Lufthansa ChipCard System

Die Deutsche Lufthansa führt zur Zeit einen Feldversuch mit einer kontaktlosen Chipkarte durch. Die Lufthansa hat sich zum Ziel gesetzt, das Fliegen dort schneller zu machen, wo es an Schnelligkeit verliert – am Boden. Check-in und Boarding an Lufthansa-Chip-in-Terminals funktionieren ohne herkömmlichen

Flugschein und ohne herkömmliche Bordkarte. Die Fluggäste buchen ihren Flug telefonisch im Reisebüro, checken am Flughafen am Lufthansa-Chip-in-Terminal mit der ChipCard ein und erhalten einen Beleg mit Angaben wie Abfluggate, Boarding-Zeit und Sitzplatzbestätigung. Für das Boarding genügt ein Vorbeiführen der ChipCard am Lesegerät. Die Meilen beim Lufthansa Vielfliegerprogramm Miles & More werden dabei automatisch gutgeschrieben. Das erspart den Teilnehmern am Miles & More-Programm einige Mühe.

Beispiel: elektronische Mautsysteme

Die Euphorie über die technischen Möglichkeiten von Chipkarten sollte natürlich nicht soweit gehen, daß die realen Notwendigkeiten für ein Projekt zu wenig berücksichtigt werden, oder daß die Marktchancen überschätzt werden. Ein Beispiel für die Gefahr, das Pferd beim Schwanz aufzuzäumen, sind die umfangreichen Versuche, die mit elektronischen Mautsystemen durchgeführt wurden.

In verschiedenen europäischen Projekten wurden Chipkartensysteme zur automatischen Abbuchung von Mautgebühren erprobt. Dabei steckt eine vorbezahlte Chipkarte in einem sogenannten Transponder, der die Kommunikation mit den elektronischen Mautstellen übernimmt. Während das Fahrzeug die Mautstelle passiert, wird der fällige Betrag von der Chipkarte abgebucht. Das funktioniert bis zu einer Geschwindigkeit von ca. 160 km/h. Über mehrere Fahrspuren können die Mautgebühren vorbeifahrender Fahrzeuge erhoben werden. Technisch ist das Problem, benutzungsabhängige Mautgebühren zu kassieren, ohne den Verkehrsfluß zu behindern, mit Hilfe der Chipkarte also erwiesenermaßen lösbar. Die wichtigste Frage ist dabei aber, ob eine benutzungsabhängige Verkehrswegegebühr überhaupt erforderlich ist. Für ein öffentliches Straßensystem, wie wir es in Deutschland haben, kann man sehr gut auch mit pauschalen Benutzungsgebühren leben. Dafür kommen Vignetten in Frage. Die Herstellung und der Vertrieb der Vignetten werden sicher um ein Vielfaches kostengünstiger sein als die Errichtung eines elektronischen Mautsystems.

Ist es hingegen tatsächlich erforderlich, für die Benutzung eines Straßenabschnitts benutzungsabhängige Gebühren zu verlangen, kann natürlich mit einem elektronischen Mautsystem auf der Basis von Chipkarten die sonst an Mautstellen auftretende Stauproblematik vermieden werden.

Beispiel: Glückspielautomaten

Auch wenn die Chipkarte auf den ersten Blick die Problemlösung zu sein scheint, kann es gute Gründe geben, alles beim alten zu lassen und keine Chipkarte einzuführen. Hersteller von Spielautomaten dachten daran, die Geräte anstatt mit Münzen mit Chipkarten zu betreiben. Sie waren fasziniert von dem Gedanken, daß Automaten-Aufsteller nun nicht mehr Münzen in großen Mengen transportieren, zählen und rollen müßten. Das Problem, daß der Spieler im Falle eines Gewinns dann nicht mehr die Münzen klappern hören würde, erschien ihnen lösbar. Man könnte entsprechende Geräusche elektronisch simulieren. Allerdings wäre der Spieler auch um die Emotionen gebracht, die das Berühren und Forttragen der Münzen in ihm auslösen, wenn er gewinnt. Dafür bieten Chipkartensysteme keinen brauchbaren Ersatz.

So werden in Europa und in den USA weiterhin Münzen gezählt und gerollt. In anderen Regionen, z.B. in Südafrika, haben Glücksspielautomaten, die mit Chipkarten anstatt mit Münzen betrieben werden, Erfolg.

3.5   Strategische Entscheidungen

Wichtige Entscheidungen, die große Auswirkungen auf die technische Realisierung, die rechtliche Auslegung und die Organisation des Systems und seine zukünftige Entwicklung haben, sollten möglichst frühzeitig getroffen werden. Das betrifft Fragen wie z. B.

- Wer sind die Systempartner?

   Die Aufgaben und Verantwortlichkeiten innerhalb des Systems müssen genau festgelegt und vertraglich geregelt werden.

   Entsprechend dem Anteil an den Aufgaben wird der Beitrag der einzelnen Partner zur Finanzierung des Systems festgelegt werden.

   Die einzelnen Partner werden Wert darauf legen, in den optischen Gestaltungen entsprechend ihrer Bedeutung repräsentiert zu werden.

   In der Gebührenordnung für das System müssen die laufenden Systemleistungen der Systempartner angemessen berücksichtigt werden.

- Aus welchen Systemkomponenten soll das System bestehen?

  Welche Computersysteme und Datenbanken, Übertragungsnetze und Endgeräte benötigt werden und welche Leistungsmerkmale die Chipkarte haben muß, wird aus den Funktionen abgeleitet, die das System haben soll. Wie hoch das Sicherheitsniveau sein muß, ergibt sich daraus, wie interessant es für mögliche Betrüger ist, sich unentgeltlich die Leistungen des Systems zu verschaffen.

- Wie wird das Zusammenspiel der verschiedenen Systemkomponenten sein?

  Welche Funktionen in welchem Systemteil bearbeitet werden müssen, muß festgelegt werden.

  In einem neuen System gibt es zwischen den verschiedenen Systemkomponenten zahlreiche Schnittstellen. Sie müssen definiert werden und sollen möglichst variabel sein. Wenn beim weiteren Auf- und Ausbau des Systems weitere Systemkomponenten hinzukommen und vorhandene durch neue ersetzt werden, sollen die bisherigen Schnittstellen weiter nutzbar sein. Durch solche Variabilität wird erreicht, daß Systemkomponenten möglichst lange verwendbar sind und der Aufwand für eine Systemänderung klein ist.

- Welche Kartentechniken sollen im System verarbeitet werden?

  Wenn außer der Chipkarte auch Karten mit Magnetstreifen verarbeitet werden sollen, müssen für die Endgeräte die entsprechenden Lese-/Schreibeinheiten vorgesehen werden. Es können Echtheitsprüfungen vorgeschrieben sein, für die entsprechende Spezialgeräte erforderlich sind. Falls für Magnetstreifenkarten im Endgerät andere als für Chipkarten durchgeführt werden sollen, müssen Plausibilitätsprüfungen definiert werden. Für den Aufbau der Nachrichten, die zwischen den Systemkomponenten ausgetauscht werden, müssen unter Umständen bei Magnetstreifenkarten andere Datenelemente berücksichtigt werden.

  Falls Statistiken über die Verwendung verschiedener Kartentechniken im System gewünscht werden, müssen entsprechende Merkmale vorgesehen werden. Bei der Festlegung der Gebührenordnung müssen unter Umständen unterschiedliche Kosten für die Bearbeitung verschiedener Kartentechniken berücksichtigt werden.

- Soll die geplante Chipkarte auch in einem anderen System verarbeitet werden?

  Wenn das vorgesehen wird, werden Anpassungsarbeiten in den Systemen erforderlich, in denen die Chipkarte verarbeitet werden soll. Vertragliche Regelungen müssen getroffen und Gebührenordnungen festgelegt werden.

- Soll die geplante Chipkarte während der Anwendung auch visuellen Prüfungen unterzogen werden?

  Wenn das der Fall ist, muß festgelegt werden, mit welchen visuell prüfbaren Elementen wie Foto, Lasergravur, Hologramm oder Unterschrift die Karte ausgestattet werden soll.

- Sollen die Funktionen der Chipkarte später erweitert werden?

  Für die spätere Erweiterung der Funktionen in einem Chip gibt es verschiedene Wege. Auswirkungen hat die Vorgehensweise hauptsächlich auf die Vorbereitungs- und Entwicklungskosten und die Kartenkosten.

  Eine Möglichkeit wäre, die gesamte Konzeption auf alle technischen Einzelheiten der gesamten Funktionalität einschließlich der später zu ergänzenden Funktionen auszulegen. Der Systemstart kann aber trotzdem mit einer oder mehreren Teilfunktionen erfolgen. Die zu ergänzende Funktion ist erst in einer späteren Version der Geräte und der Chipkarte vorhanden. Damit kann ein früherer Projektstart erreicht werden. Wird der für die gesamte Funktionalität erforderliche Chiptyp schon ab Projektstart eingesetzt, obwohl seine Kapazität nicht ausgenutzt wird, entstehen höhere Kartenkosten als beim Start mit einem auf die Teilfunktion ausgelegten Chiptyp.

  Ein anderer Weg wäre, die technische Entwicklung vorerst auf die Funktionen zu beschränken, mit denen gestartet werden soll. Wird für den Systemstart ein weniger leistungsfähiger Chiptyp gewählt, als er für die spätere gesamte Funktionalität erforderlich ist, wird die Systementwicklung, mindestens soweit es den Chip betrifft, zweigleisig fahren. Dadurch entstehen zweimal Vorbereitungs- und Entwicklungskosten für die Programmentwicklung des Chip.

- Sollen die Funktionen der Chipkarte später mit anderen Funktionen kombiniert werden?

  Wenn für einen späteren Zeitpunkt die Kombination mit Chipfunktionen anderer Kartenemittenten vorgesehen ist, spielt die Frage der technischen Realisierung eine wesentliche Rolle. Aber auch die Frage der Kartengestaltung ist wichtig. Bei einer solchen Systempartnerschaft kann aufgrund der Gestaltungsvorschriften des potentiellen Systempartners eine völlig andere Gestaltung der Karte erforderlich werden. Je früher solche Vorschriften bei der eigenen grafischen Gestaltung berücksichtigt werden können, desto besser.

- In welchen Ländern soll das System in der Zukunft eingesetzt werden?

  Wenn bekannt ist, in welchen anderen Ländern ein Chipkarten-System künftig eingesetzt werden soll, können die speziellen Gegebenheiten dieser Länder von vornherein in der technischen Realisierung berücksichtigt werden. Solche Unterschiede können auf sehr verschiedenen Gebieten liegen:
  - andere Rechtsgrundlagen
  - technische Besonderheiten der Übertragungsnetze
  - eine andere oder mehrere Sprachen in den Benutzerführungen

Werden derartige Fragen nicht von vornherein geklärt, kann eine später erforderliche Systemumstellung unter Umständen sehr aufwendig sein. Wenn grundsätzliche Entscheidungen später geändert werden, sind sehr wahrscheinlich größere Planungsbudgets vergebens ausgegeben worden.

3.6 Nutzen für den Kartenausgeber und seine Systempartner

Verschiedene Systempartner, die meistens in irgendeiner Form an den Systemkosten beteiligt werden, erwarten von dem neuen Chipkartensystem Vorteile für sich. Die Partner sind außer den Karteninhabern je nach System sehr verschiedene Gruppen, Firmen, Organisationen oder Institutionen. Ihre unterschiedlichen Interessen zu berücksichtigen erfordert rechtzeitige Kooperation, am besten vom Beginn der Planungsphase an.

Die in Bild 3.1 und Bild 3.2 dargestellten Beispiele zeigen, wie verschiedenartig die Systempartner und damit natürlich auch ihre Erwartungen an das System sein können.

Die Krankenkassen wollen die Krankenscheine abschaffen.

Patienten und Ärzte wollen nicht, daß sie mit zusätzlichen Kosten belastet werden.

In den Arztpraxen verspricht man sich dadurch eine Erleichterung der Verwaltungsarbeit, daß bei der Übernahme der Patientendaten weniger Fehler entstehen.

Bild 3.1:
Systempartner der
Krankenversicherten-
karte

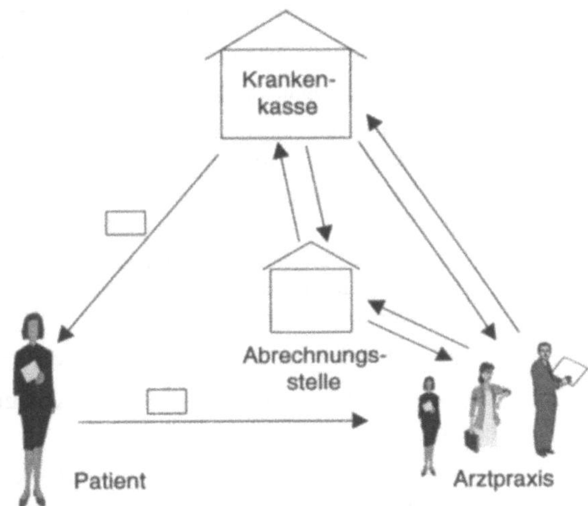

1. Die Krankenkasse stattet ihre Mitglieder mit Krankenversichertenkarten aus.

2. Der Patient geht zum Arzt und nimmt seine Krankenversichertenkarte mit.

3. In der Arztpraxis werden die Patientendaten aus der Chipkarte gelesen und in das Rezept und in die Abrechnungsdaten übernommen.

4. Die Arztpraxis rechnet direkt oder über eine Abrechnungsstelle mit der Krankenkasse ab.

Bild 3.2:
Systempartner des
GeldKarte-Systems

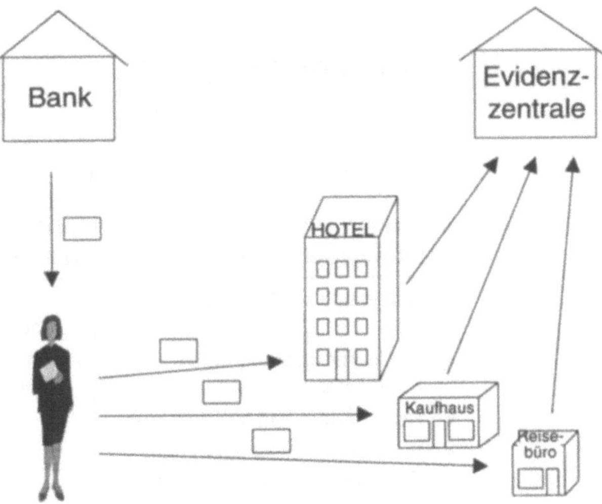

1. Die Bank stattet ihre Kunden mit eurocheque- oder Kunden-Chipkarten aus.

2. Der Karteninhaber lädt einen Betrag in die Chipkarte.

3. Der Karteninhaber kauft Waren und Dienstleistungen mit der Karte ein.

4. Der in die Chipkarte geladene Betrag wird bei jedem Kauf dem Kaufbetrag entsprechend reduziert.

5. Der Einzelhändler bzw. das Dienstleistungsunternehmen übermittelt die Transaktionsdaten an eine Evidenzzentrale.

6. Die Evidenzzentrale veranlaßt, daß dem Einzelhändler bzw. dem Dienstleistungsunternehmen die entsprechenden Beträge auf seinem Bankkonto gutgeschrieben werden.

7. Bei Bedarf kann der Karteninhaber die Chipkarte wieder laden.

Die Banken wollen, daß die Kosten für das Bargeld-Handling sinken.

Die Karteninhaber erwarten, daß der bargeldlose Einkauf für sie bequemer ist.

Die Einzelhändler und Dienstleistungsunternehmen wünschen sich mehr spontane Kaufentscheidungen und möchten die Kosten des Bargeld-Handlings senken.

Systeme, die für die Betreiber und die Benutzer gleichermaßen Vorteile bieten, setzen sich durch. Haben alle etwas davon, machen auch alle mit. In der Telekommunikation, wo bisher die meisten Chipkarten eingesetzt werden, hat deren Verwendung große Vorteile.

Beispiel: Telefonwertkarten

Die Tabelle in Bild 3.3 nennt die wesentlichen Vorteile, die mit dem Einsatz der Chipkarte für die Telefongesellschaften und die Telefonkunden verbunden sind.

Bild 3.3:
Vorteile für
Telefongesellschaft/
Telefonkunden

Vorteile für die Telefongesellschaft	Vorteile für den Telefonkunden
• Bezahlung vor Leistung	• Lästige Suche nach Kleingeld entfällt
• Kostenreduzierung durch Fortfall des Münzhandlings	• Öffentliche Kartentelefone funktionieren zuverlässiger
• Reduzierung des Vandalismus	
• Einfachere Änderungen der Geräte bei Tarifumstellungen	
• Senkung der Wartungskosten	
• Erhöhung der Nutzung	

Ein wesentlicher Grund, Telefonwertkarten einzuführen, war, den Vandalismus zu senken. Dieses Ziel wurde schnell erreicht. Die Zahl der mutwillig zerstörten öffentlichen Telefone ging schnell drastisch zurück. In Bild 3.4 ist dargestellt, wie sich dieser Effekt in Frankreich ausgewirkt hat.

Bild 3.4:
Beschädigte öffentliche
Telefone in Frankreich

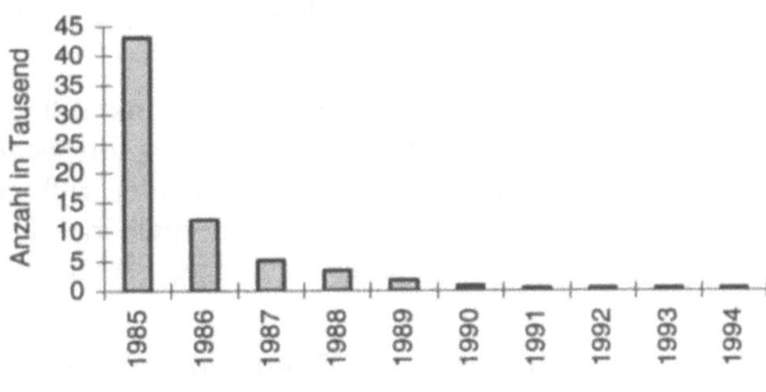

Aber nicht nur die Telefongesellschaften und die Telefonkunden sind durch die Einführung der vorbezahlten Telefonkarte fein heraus. Nun haben sehr viele Leute eine Karte, die sie häufig in die Hand nehmen. Eine neue Werbefläche, die oft ins Auge fällt! Die werbetreibende Wirtschaft nutzt dieses neue Medium intensiv.

Und noch ein weiterer Effekt, den vorher niemand so vorausgesehen hatte, ist entstanden: der Sammlermarkt, ein Markt, an dem die verschiedensten Unternehmen durch Handel, Vertrieb von Zubehör, Katalogisierung u. ä. verdienen. Für die Telefongesellschaften ist es besonders lukrativ, daß der Sammlerwert unbenutzter Karten so groß ist. Für die Karten nehmen sie Geld ein, für das sie dann keine weitere Leistung erbringen müssen, weil die Karten in die Sammlungen wandern.

Beispiel: Mobilfunk

Das neue Mobilfunksystem nach dem GSM-Standard, in Deutschland im D1- und D2-Netz, wäre ebenso wie das E-Netz in der jetzigen Form nicht ohne Chipkarte zu realisieren gewesen. Natürlich wollte man den seit Einführung des mobilen Telefonierens im C-Netz erreichten technischen Fortschritt nutzen und kleinere Telefongeräte entwickeln. Solche handlichen Geräte wären aber extrem diebstahlsgefährdet. Sie ließen sich noch leichter entwenden als Autoradios, die von ihren Besitzern in den südeuropäischen Ländern meistens überall hin mitgenommen werden, weil sie aus einem abgestellten Auto sofort gestohlen würden. Die Chipkarte brachte hier die Lösung. Sie ist das Zugangsmedium zum Mobilfunknetz. Ohne sie funktioniert das Mobiltelefon nicht.

Daß die Diebstahlsgefahr gebannt ist, gilt nur, wenn die Karte entnommen wird. Das ist bei Plug-Ins nur selten der Fall. Besitzer von Mobilfunkgeräten, die mit Plug-Ins arbeiten, sollten sich dessen bewußt sein.

Komfortabel für den Mobilfunk-Teilnehmer ist, daß seine Mobilfunkkarte für jedes Mobiltelefon geeignet ist. Wenn er wenig Gepäck mitnehmen kann oder will, reicht es aus, wenn er die Karte mitnimmt, um innerhalb der Reichweite der entsprechenden Netze jedes beliebige, geeignete Mobiltelefon benutzen zu können.

Für die System-Distributoren – für Mobilfunksysteme sind das die Service Provider – ist die Logistik der Mobilfunkgeräte relativ einfach zu handhaben, weil die Geräte ohne eine gültige Mobilfunkkarte nicht funktionieren. Wer eine Mobilfunkkarte besitzt, hat zusammen mit der Karte auch ein Gerät erworben. So ist es normalerweise uninteressant, ein Mobilfunkgerät illegal in seinen Besitz zu bringen.

3.7 Akzeptanz der geplanten Chipkarte

Wichtig für den Erfolg und die schnelle Durchsetzung eines Chipkarten-Systems sind die Akzeptanz durch den Kartenbenutzer und durch alle, die mit dem System umgehen sollen.

Menschen akzeptieren Neues schnell, wenn es sich dabei um etwas handelt, das ihnen gut schmeckt oder das Unterhaltungswert hat. Ansonsten scheuen sie vor Veränderungen eher zurück und neigen dazu, an Bekanntem festzuhalten und Neuem gegenüber Vorbehalte aufzubauen. Deshalb ist es wichtig, die Kartenbenutzer, ja überhaupt alle Personen, die mit einem neuen System arbeiten sollen, rechtzeitig und umfassend zu informieren und ihnen das neue System schmackhaft zu machen.

Der Systembetreiber sollte auf jeden Fall anstreben, im ersten Anlauf eine hohe Akzeptanz bei den Systembenutzern zu erzielen. Verpufft ein Teil der ersten Anstrengungen, ohne daß die erwünschte Akzeptanz erreicht wird, ist das Geld für die entsprechenden Maßnahmen vergebens ausgegeben worden. Die Menschen in einem späteren Anlauf für etwas zu begeistern, das sie schon kennen, aber bisher nicht besonders schätzen, ist sehr viel schwerer, wenn nicht gar unmöglich.

Es ist daher außerordentlich wichtig, die Haltung der potentiellen Anwender richtig einzuschätzen. Leider gelingt das nicht immer. Hier einige Beispiele von Fällen, in denen die Reaktion der Anwender nicht richtig beurteilt wurde:

Beispiel: Videokonferenzen

Videokonferenzen wurden vor Jahren als das Medium gepriesen, durch das beschwerliche Reisen zu geschäftlichen Treffen bald überflüssig würden. Als sehr verlockend erschien die Aussicht, über beliebige Entfernungen miteinander zu konferieren – von der Kostenersparnis ganz zu schweigen. Trotz technischer Verfügbarkeit hat sich diese Technik jedoch nicht in größerem Umfang verkaufen lassen. Das Bedürfnis der Menschen, sich persönlich zu treffen, wurde unterschätzt.

Beispiel: electronic cash

Das vom deutschen Kreditgewerbe eingeführte electronic cash-System setzte sich nach seiner Einführung nicht so schnell durch, wie die Betreiber, Banken und Sparkassen, es sich gedacht hatten. Dafür gab es sicher mehrere Gründe. Vom Handel wurde als ein wichtiger Grund, das System nicht sonderlich zu unterstützen, immer wieder angegeben, daß die Karteninhaber ihre PIN nicht kennen. Daraufhin hat die GZS Gesellschaft für Zahlungssysteme mbH, Frankfurt, eine Untersuchung bei den Karteninhabern durchführen lassen. Diese Untersuchung ergab, daß 66 % der Karteninhaber ihre PIN kennen und 62 % sie am Geldautomaten zur Bargeldbeschaffung mit der eurocheque-Karte auch benutzen. Dieses Ergebnis wurde allgemein als nicht vollkommen zufriedenstellend betrachtet, und es wurden gezielte Kommunikationsmaßnahmen zur Verbesserung der Situation durchgeführt, z. B. eine TV-Kampagne.

Auf jeden Fall zeigte die Untersuchung, daß die mangelnde Kenntnis der PIN nicht der alleinige Grund dafür sein konnte, daß das electronic cash-System nicht im geplanten Rahmen vorankam. Vom Handel wurde dieses System vor allem deshalb nicht voll akzeptiert, weil die Kosten für zu hoch gehalten wurden. Verschiedene Einzelhandelsbetriebe führten in eigener Regie andere Systeme zur automatisierten eurocheque-Kartenzahlung ein.

Beispiel: T-Card mit Chip

Die T-Card mit Chip ist das Nachfolgeprodukt der Telefonbuchungskarte. Mit der T-Card mit Chip kann man an öffentlichen Kartentelefonen telefonieren.

Heute – beinahe 10 Jahre nach der Einführung der Telefonbuchungskarte – gibt es nur ca. 1,3 Millionen Karten mit einem entsprechenden Chip. In dieser Zahl sind alle Chips berücksichtigt, die diese Funktionalität aufweisen – sei es in der T-Card mit Chip, der C-Tel-Karte oder in Kreditkarten, in die der entsprechende Chip integriert ist.

Das ist nicht sehr viel, wenn man bedenkt, daß die ca. 40 Millionen Inhaber eines Telefonhauptanschlusses als potentielle Benutzer dieser Karte in Frage kommen. Bei der Buchungskartenfunktion werden die während eines Telefonats an einem öffentlichen Kartentelefon entstandenen Gebühren über dieselbe Gebührenrechnung in Rechnung gestellt wie die Telefongebühren des Hauptanschlusses. Um das zu ermöglichen, mußte eine ziemlich aufwendige Infrastruktur bereitgestellt werden, die ursprünglich für weit mehr Benutzer gedacht war. Daß die Zahl der Telefonbuchungskarten nicht höher ist, kann verschiedene Ursachen haben:

- Die Kunden, die an öffentlichen Telefonen telefonieren wollen, sind mit der Telefonwertkarte zufrieden.

- Geschäftsreisende, die wichtige Telefonate von öffentlichen Telefonen aus führen wollen, können an Flughäfen Kreditkartentelefone benutzen.

- Die rapide ansteigende Anzahl von Mobiltelefonen macht die Telefonkunden immer unabhängiger von öffentlichen Telefonen.

Solche Beispiele zeigen, wie wichtig es ist, die Benutzer-Akzeptanz von vornherein richtig einzuschätzen. Sicherheit in der Einschätzung bringen Untersuchungen, die rechtzeitig von einem darauf spezialisierten Unternehmen durchgeführt werden. Diese Kenntnis wird es erleichtern, erfolgreiche Marketingmaßnahmen zu konzipieren.

3.7.1   Schaffung von Einsatzmöglichkeiten

Ebenso wichtig wie die Vorbereitungen für die Chipkarte selbst ist die gleichzeitige Bereitstellung der entsprechenden Nutzungsmöglichkeiten. Das ist immer dann unproblematisch, wenn der Kartenemittent gleichzeitig der einzige oder mindestens ein sehr wichtiger Akzeptant der neuen Chipkarte ist. Sind mehrere Systempartner involviert, kann die Schaffung von Nutzungsmöglichkeiten für die Karte schwieriger sein. Beim Karteninhaber wird man jedenfalls dann, wenn er für die Karte etwas bezahlen bzw. künftig in Anspruch zu nehmende Leistungen vorbezahlen soll, Verärgerung auslösen, wenn er die Karte kaum benutzen kann. Einmal verärgerte Kunden später zurückzugewinnen ist sehr schwer und oft gar nicht möglich.

3.7.2 Bedeutung des Produktimages

Nicht nur die Produktbeschaffenheit und die Qualität der angebotenen Leistung sind für den Verbraucher wichtig, sondern auch das Produkt-Image. Daß das auch in der Kartenwelt gilt, zeigt eine kleine Episode:

Ein älterer amerikanischer Geschäftsmann besuchte Deutschland zu einer Zeit, als Kreditkarten hier noch kaum bekannt waren. Seine Gesprächspartner bemerkten, daß er im Besitz von zwei Kreditkarten war. Sie fragten ihn nach dem Grund dafür. Darauf antwortete er, die A-Karte brauche er, um Eindruck zu machen, die B-Karte, um zu bezahlen. Offensichtlich hatte die A-Karte das bessere Image und die B-Karte die bessere Leistung.

Wie ein neues, elektronisches Produkt erfolgreich und schnell eingeführt werden kann, zeigt das Beispiel des Minitel in Frankreich. Man hat sich gar nicht lange damit aufgehalten, den Verbrauchern zu erklären, was sie mit dem Gerät alles anfangen können. Es wurde einfach kostenlos zur Verfügung gestellt. So konnte es sehr schnell verbreitet werden. Die Verbraucher benutzen es oft. Die dadurch für den Systembetreiber anfallenden Gebühren fließen so reichlich, daß sie die kostenlose Lieferung mehr als rechtfertigen.

Besonders in Deutschland gewinnt die Umweltverträglichkeit von Produkten an Bedeutung für die Verbrauchereinschätzung. Das trifft selbstverständlich auch auf Chipkarten zu, die ja aus Plastikmaterialien hergestellt werden. Die Menge an Plastikmaterial, das für eine Chipkarte verwendet wird, ist verschwindend gering im Verhältnis zu den Mengen an Verpackungsmaterialien aus Plastik (z. B. Joghurtbecher und Verpackungsfolien). Der Anteil der Plastikkarten am gesamten PVC-Verbrauch in Europa liegt bei nur 0,4 %. Dazu kommt, daß die Nutzungsdauer bei Karten ungleich höher ist als bei Plastik-Verpackungsmaterialien. Schließlich trägt man die Karten längere Zeit mit sich herum. Bei

Telefonwertkarten sind es meistens mehrere Wochen, bei Zahlungskarten je nach Laufzeit mehrere Jahre und bei Krankenversichertenkarten möglicherweise solange, wie es die technische Lebensdauer zuläßt – und das sind nach heutiger Einschätzung etwa 10 Jahre. Diese Fakten sind dem potentiellen Kartenbenutzer aber nicht bewußt, wenn sich seine Einstellung zu einer Karte herausbildet. Wenn die Karte, die man ihm schmackhaft machen will, aus umweltfreundlichem Material hergestellt wird und Recycling-Möglichkeiten bestehen, wird er das positiv bewerten.

3.8   Multifunktionskarten

Die Idee, immer mehr Funktionen in einer Karte unterzubringen und so, anstatt mit einer Vielzahl verschiedener Karten durch die Welt zu reisen, nur mit ganz wenigen, vielleicht sogar mit nur einer einzigen Karte auszukommen, ist durchaus faszinierend.

Auch wenn die Karten in unseren Brieftaschen immer zahlreicher werden, so einseitig sind unsere heutigen Karten gar nicht. Karten, die für verschiedene Funktionen eingesetzt werden können, gibt es in den unterschiedlichsten Ausprägungen.

3.8.1   Magnetstreifen-Multifunktionskarten

Selbst manche der Karten, die mit nur einem Speichermedium, dem Magnetstreifen, ausgestattet sind, können vielseitig verwendbar sein.

Die eurocheque-Karte, die in Deutschland mit Abstand meistverbreitete Karte mit Zahlungsfunktion, bringt es schon jetzt auf mehrere Funktionen. Sie ist Scheckgarantiekarte, Zugangsmedium für Geldausgabeautomaten, Kontoauszugsdrucker und Selbstbedienungsterminals und entweder mit PIN oder mit Unterschrift zu benutzende Debitkarte. Bald wird sie, zusätzlich zum Magnetstreifen mit einem Chip versehen, die Debitfunktion unter Verwendung einer PIN auch über den Chip abwickeln können und als Electronic Purse zu benutzen sein.

Auch die Zahlungskarten, die weltweit die größte Bedeutung haben und in dreistelliger Millionenzahl im Einsatz sind, die Kreditkarten, sind auch ohne Chip durchaus nicht einseitig. Man kann damit bezahlen, wobei man entweder, wie es in Deutschland meistens der Fall ist, ein vereinbartes Zahlungsziel in Anspruch nimmt oder seine Einkäufe im Rahmen eines revolvierenden, zu verzinsenden Kredits tätigt, und man kann damit telefonieren. Telefonieren kann man mit Kreditkarten zwar nur an speziellen Telefonen, die fast ausschließlich an internationalen Flughäfen installiert sind. Aber das ist für die internationalen Geschäftsreisenden unter den Kreditkarteninhabern eine geschätzte Zusatzfunktion.

3.8.2   Hybridkarten

Für Hybridkarten, Karten mit Magnetstreifen und Chip, sind weitere interessante Möglichkeiten denkbar, Funktionen in einer Karte zu kombinieren. Aber auch hier gilt: Es gibt schon so etwas.

Das Bezahlen über den Magnetstreifen und das Telefonieren über den Chip sind in der AirPlus Karte zusammengeführt. Aufgrund entsprechender Vereinbarungen mit der Deutschen Telekom kann der Telefonchip der Telekom, der dem Chip in der T-Card entspricht, auf Wunsch des Kartenkunden in die AirPlus Karte integriert werden.

3.8.3   Mehrere Funktionen in einem Chip

Auch im Chip selbst lassen sich verschiedene Funktionen verwirklichen. Die einzelnen Funktionen können im Chip so realisiert werden, daß sie völlig unabhängig voneinander sind. Für jede Funktion können spezielle Sicherheitsmechanismen wie z. B. eine spezielle PIN-Prüfung implementiert sein. Für den Karteninhaber wäre es allerdings nicht so angenehm, wenn er sich für eine Karte mehrere PINs merken müßte.

Ein Beispiel für verschiedene Funktionen in einem Chip sind die C-Tel-Karten, die auch die Funktion des Telefonbuchungschips umfassen. Man kann mit ihnen sowohl im C-Netz der Deutschen Telekom als auch an öffentlichen Kartentelefonen telefonieren.

Das Kombinieren von mehreren Funktionen in einer Karte ist, gleichgültig ob unter Verwendung eines Mediums oder verschiedener technischer Medien, eine seit Jahren bewährte Vorgehensweise. Das gilt allerdings bisher vor allem für die Kombination von Funktionen, die von einem Kartenausgeber angeboten werden.

Mit einer neueren Art von Karten, in denen ein Chip mit Kontakten und ein kontaktloser Chip kombiniert sind, könnte die Palette der Möglichkeiten noch erweitert werden.

Bei der schon heute erreichten und noch weiter steigenden Leistungsfähigkeit der Chips könnte man sich tatsächlich wünschen, das dicke Kartenpaket zu vergessen und nur noch eine einzige Karte bei sich zu haben. Diese Karte könnte dann alles in sich vereinen, was man im Laufe des Lebens so braucht: Personalausweis und Führerschein, Krankenversichertenkarte, Kreditkarte und elektronische Börse, die Zugangsberechtigung zum Home Banking, Telefonkarte, Mobilfunkkarte, Bus- und Bahnfahrkarte, Pay TV-Karte, Betriebsausweis und was es sonst noch alles gibt. Das wäre dann eine neue Dimension von Bequemlichkeit. Alle diese Ausweise und Berechtigungen in einer Karte, und wir könnten im Badeanzug um die Welt starten, alles kaufen und alle technischen Einrichtungen benutzen.

Bei einer solchen totalen Kombination der Funktionen wären wir allerdings bei Verlust der multifunktionalen Karte sehr hilflos. Wer die Karte nicht mehr hat, um sich auszuweisen oder wenigstens zu telefonieren, der kann sich nur noch mit Bargeld weiterhelfen, und das wäre ohne Identitätsnachweis sicher schwierig zu bekommen.

Nicht auszudenken wäre, was ein Betrüger mit unserer abhanden gekommenen Allzweckkarte alles anstellen könnte. Eine solche Dimension der möglichen kriminellen Vorteilsnahme mit einer einzigen Karte könnte ein reizvolles Ziel für eine ganz andere Kategorie von Betrügern sein, als es die bisherigen Kartenfälscher und Kartendiebe sind.

3.8.4   Grenzen der Realisierbarkeit von Multifunktionskarten

Es sind also weniger technische Grenzen als praktische Erwägungen, die die omnipotente Universalkarte wenig wahrscheinlich erscheinen lassen.

Schon die Verschiedenartigkeit der Institutionen, die für in Chipkarten darstellbare Funktionen wie Ausweis und Führerschein, Zahlungskarten und Telekommunikation verantwortlich sind, macht es nicht gerade wahrscheinlich, daß die erforderlichen rechtlichen, organisatorischen und technischen Vereinbarungen zügig getroffen werden könnten. Daß Vorschläge für die Kombination der Logos und Markenzeichen so unterschiedlicher Partner auf einer Karte gefunden werden können, die alle gleichermaßen zufriedenstellen, würde übermenschliche Kompromißbereitschaft voraussetzen.

Außerdem ist als „König Kunde" ja auch noch der Karteninhaber im Spiel. Er muß – mindestens bei Karten, mit denen er bezahlen, telefonieren, eine Dienstleistung in Anspruch nehmen oder eine Ware kaufen kann – selbst entscheiden können, welche Funktionen er in einer Karte haben will.

3.8.5   Logo und Funktion

Eine Karte soll, aus der Sicht des Kartenemittenten, nicht nur ein rein funktionales Ding sein. Sie soll den Karteninhaber an den Kartenemittenten binden. Die Leistungen dieses Emittenten sollen für den Karteninhaber dadurch attraktiver werden, daß er dessen Karte benutzt. Deshalb ist das entsprechende Logo auf der Karte so wichtig. Dadurch, daß der Karteninhaber die Karte oft zur Hand nimmt und damit das Logo – für ihn sicher meistens unbewußt – in sein Blickfeld rückt, soll die emotionale Bindung des Karteninhabers an den Kartenemittenten gefestigt werden. Die relativ kleine Karte setzt natürlich recht enge Grenzen für die Anzahl der Logos, mit denen das überhaupt funktionieren kann.

Der Kartenausgeber ist daran interessiert, daß die Logos auf der Karte der Funktionalität der Karte entsprechen. Deshalb muß sich der Karteninhaber, bevor er eine Karte bekommt, entscheiden, wie seine Karte funktionieren soll. Anderenfalls gäbe es zwei Möglichkeiten, sowohl Kartenausgeber als auch Karteninhaber unzufrieden zu machen:

- Entweder der Karteninhaber bekommt eine Karte mit mehreren Logos, für die die Anwendungen nicht alle in der Karte sind, aber in den Chip nachgeladen werden können. Dann hätte er Logos auf der Karte, ohne daß die entsprechende Funktionalität vorhanden ist. Würde er auf das Nachladen von Funktionen verzichten, würde niemals eine Entsprechung von aufgedruckten Logos und Funktionen in der Karte hergestellt.

- Oder er bekommt eine Karte mit im Extremfall nur einem Logo. Gäbe es in diesem Fall die Möglichkeit des Nachladens von Funktionen und würde sie auch genutzt, wäre ebenso keine Entsprechung von Logo und Anwendungen gegeben.

Chipkarten können sehr gut verschiedene Funktionen in sich vereinen und damit multifunktionale Karten sein. Gerade die Chiptechnik bietet dafür völlig neue Dimensionen. Der vollen Ausnutzung der flexiblen Möglichkeiten, die die Chipkartentechnik bietet, sind jedoch auch Grenzen gesetzt.

3.9   Vertriebsaspekte

Es gibt Chipkarten, für die keine Vertriebsarbeit erforderlich ist. Sie werden eingeführt und benutzt. So war es, als die Krankenversichertenkarte per Gesetz den Krankenschein abgelöst hat.

Bei Betriebsausweisen, bei Chipkarten, die der Absicherung von Computersystemen dienen, oder bei Chipkarten für Zutrittskontrollsysteme wird es ebenso sein. Der Benutzer hat keine Wahl, ob er die Karte verwenden will oder nicht. In solchen Fällen ist Vertriebsarbeit nicht erforderlich. Lediglich über die sichere Zustellung an den Kartenbenutzer muß nachgedacht werden.

Neue Vertriebsformen

In Fällen, in denen es um die Kaufentscheidung des potentiellen Benutzers geht, werden für ein neues Kartensystem auch neue Vetriebswege gefunden werden müssen. Telefonkarten werden z. B. außer an Postschaltern auch an Kiosken verkauft. Wenn die Karte, wie die Telefonwertkarte, auch Zugangsmedium für die Inanspruchnahme einer Leistung ist, darf die Inanspruchnahme der Leistung nicht an der mangelnden Verfügbarkeit der Karte scheitern. Das kann besonders in Deutschland, solange das strikte Ladenschlußgesetz noch gilt, Herausforderungen für neue Vertriebsideen bedeuten.

Wenn es sich um so neue Produkte wie die Chipkarte für Mobiltelefone handelt, werden unter Umständen bisher nicht existierende Vertriebsformen gewählt werden. Die Mobilfunk Service Provider sind solche Unternehmen, die im Zusammenhang mit den GSM-Mobilfunknetzen entstanden sind. Sie haben unter anderem die Aufgabe, die Mobilfunk-Chipkarten zu vertreiben.

Distribution von Electronic Purse Chipkarten

Die Frage, wo der Verbraucher die Chipkarten bekommen kann, ist wichtig, wenn es sich um Karten handelt, die für jedermann konzipiert sind. Das gilt besonders für elektronische Geldbörsen.

Wenn Leistungen über elektronische Geldbörsen nutzbar sind, müssen die elektronischen Geldbörsen für jedermann verfügbar sein. Ausschließliche Verfügbarkeit von elektronischen Geldbörsen für Inhaber von Bankkonten kann nicht in Frage kommen, weil sonst ein großer Kreis von Personen von der Inanspruchnahme der Leistung ausgeschlossen wäre. Wäre beispielsweise Parken ausschließlich mit solchen an Konten gebundenen elektronischen Geldbörsen zu bezahlen, dann könnten viele Touristen ihre Parkgebühren nicht bezahlen, weil sie kein Konto vor Ort haben.

Die umgekehrte Konsequenz, die angebotenen Leistungen sowohl über Banknoten und Münzen als auch über elektronische

Geldbörsen zugänglich zu machen, ist wenig sinnvoll. Die wesentlichen Vorteile der elektronischen Bezahlung, das Zurückgehen des Vandalismus und die erheblich geringeren Wartungskosten, würden damit aufgegeben.

3.10 Wirtschaftlichkeitsanalyse

Namhafte Beträge, Ideen, Sachverstand und harte Arbeit werden in die Realisierung eines Chipkartensystems investiert. Wie diese wertvollen Ressourcen eingesetzt werden, ist für den Erfolg des Systems sehr wesentlich.

Vielfach werden Chipkarten zur Zeit noch als teuer angesehen. Die Einsparungsmöglichkeiten und Rationalisierungseffekte, die mit Hilfe eines Chipkartensystems realisiert werden können, werden dabei häufig nicht in die Kostenbetrachtung einbezogen.

Aber auch die Chipkartenpreise werden mit der weiteren Durchsetzung von Chipkarten noch zurückgehen. Die ersten Generationen neuer Produkte haben stets verhältnismäßig hohe Preise. Das war auch bei den ersten Kühlschränken und Fernsehgeräten so, deren Preise teilweise höher lagen als ein durchschnittliches Monatseinkommen. In der nächsten Produktgeneration werden kostengünstigere Materialien und Produktionsverfahren eingesetzt. Hinzu kommt der kostensenkende Faktor der größeren Stückzahlen.

Den höchsten Anteil an den Kosten, die für die Herstellung der Chipkarten anfallen, verursacht der Chip. In den nächsten Jahren wird die Weiterentwicklung der Technik zu Kostensenkungen führen. Aufgrund der fortschreitenden Miniaturisierung im Halbleiterbereich werden dieselben Datenmengen auf kleinerer Fläche unterzubringen sein; bzw. auf derselben Fläche wie bisher können mehr Informationen gespeichert werden.

Ebenfalls Einfluß auf die Herstellungskosten der Chipkarte haben das Kartenmaterial, der Aufbau des Kartenkörpers und die verschiedenen Elemente, die die Karte außer dem Chip haben kann wie z. B. Magnetstreifen, Unterschriftstreifen und Hologramm.

Selbstverständlich müssen bei einem Chipkartensystem außer den Kosten für die Chipkarte auch die Kosten für das gesamte System betrachtet werden. Für Kartentelefone gibt es eine kritische Größe, von der an die Systeme rentabel arbeiten. Rentabilität wird bei Kartentelefonen erreicht bei einem Minimum von 10.000 Geräten und einer Kartenanzahl von ca. 1.000 Karten pro Gerät und Jahr.

Ob bzw. von welchem Zeitpunkt an ein Chipkartensystem wirtschaftlich ist, hängt aber auch von einer ganzen Reihe weiterer Faktoren ab, die unter Umständen nicht so leicht einzuschätzen sind.

Beispiel Kreditkarten

An Kreditkarten läßt sich verdeutlichen, welche Faktoren für die Einschätzung der Wirtschaftlichkeit maßgeblich sein können:

Die Kreditkartenkriminalität steigt weltweit. Sollen nun alle Kreditkartenemittenten auf Chipkarten umsteigen?

Zur Beantwortung dieser Frage muß man bedenken, daß die größten Verluste der Kreditkartengesellschaften nicht durch den Einsatz gestohlener und gefälschter Karten entstehen, sondern durch Ausfälle aufgrund mangelnder Bonität der Karteninhaber.

Die Kartenemittenten verpflichten sich gegenüber den Akzeptanzstellen, die mit Kreditkarten getätigten Kaufbeträge zu festgelegten Zeitpunkten bedingungslos zu erstatten. Sie tragen dabei das Risiko, daß diese Beträge bei einem Teil der Kreditkarten-Inhaber möglicherweise nicht einzutreiben sind. Das Risiko, daß der Karteninhaber nicht über die nötige Bonität verfügt, trägt in vollem Umfang der Kartenemittent. Mit der On-line-Autorisierung, bei der über Datenleitungen bei der Stelle angefragt wird, die über Daten des Karteninhabers verfügt, wird ein gewisser Schutz vor diesen „schwarzen Schafen" unter den Karteninhabern erreicht. Ist mit der Karte oder dem Karteninhaber etwas nicht in Ordnung, wird der anfragenden Stelle über Datenleitung mitgeteilt, daß die betreffende Karte nicht akzeptiert werden kann. Damit kann das Bonitätsrisiko, das weltweit zu den größten Ausfällen für die Kartenausgeber führt, erheblich reduziert werden.

Wird allerdings eine gefälschte Karte verwendet, d. h. eine Karte, die mit echten Kartendaten versehen wurde, so wird das bei der On-line-Autorisierung möglicherweise nicht festgestellt. Hier schaffen Chipkarten Abhilfe. Eine falsche Chipkarte herzustellen ist so ungleich aufwendiger, daß die heute in der Kartenkriminalität aktiven Kriminellen sich die Möglichkeiten dafür kaum verschaffen können.

Das Bonitätsrisiko und die Benutzung gestohlener Karten lassen sich durch die On-line-Verbindung besser einschränken. Gegen Kartenfälschungen sind Chipkarten der wirksamere Schutz.

Der Reduzierung des Bonitätsrisikos durch die On-line-Autorisierung stehen die Kosten für die Datenübertragung gegenüber. Sowohl das Zahlungsverhalten der Karteninhaber als auch die Gebühren für Datenübertragungen sind aber von Land zu Land verschieden. Ob die Kosten eines Chipkartensystems durch die Reduzierung des Verlusts aufgrund gefälschter Karten und der Datenübertragungskosten gerechtfertigt sind, hängt von den Zahlen im jeweils konkreten Fall ab.

Beispiel Computer-Sicherheit

Die Frage, unter welchen Gesichtspunkten ein Chipkarten-System, das die Manipulation von Computersystemen verhindert, wirtschaftlich ist, läßt sich verhältnismäßig leicht beantworten:

Solange die Kosten für ein solches System deutlich genug unter dem höchsten denkbaren Schadensbetrag liegen, sind die Investitionen gerechtfertigt. In Computersystemen in Banken werden so immens große Summen bewegt, daß die Investitionen für die Absicherung gegen Manipulation unter Umständen, bezogen auf die abzusichernden Beträge, im Promille-Bereich liegen.

In dem in der Zeitschrift „Stern" veröffentlichten Bericht über einen Schadensfall im Bankenbereich wird eine Summe von 500 Milliarden Dollar genannt, die an einem Tage in dem betroffenen Bankennetz transferiert wird. Es wird im Stern berichtet, daß ein Computerfachmann aus St. Petersburg die amerikanische Citibank um 10 Millionen Dollar erleichtert hat. Über vierzig Mal hat sich dieser Experte unberechtigt Zugang zu dem Computersystem der Citibank verschafft.

3.10.1 Kostenvorteile

Durch den Einsatz von Chipkarten können Kostensenkungen erreicht werden. Eine von der Schweizer Versicherungsgesellschaft für Büroangestellte durchgeführte Studie kommt beispielsweise zu dem Schluß, daß der Einsatz der SANACARD in der Schweiz (siehe Anhang I, Abschnitt 1.3) zu Einsparungen in Höhe von 500 Millionen Schweizer Franken führen wird.

Chipkarten können – je nach ihrer Verwendung – verschiedene Arten von Kosten reduzieren, bzw. die entsprechenden Kosten sind niedriger als in Systemen, die ohne Chipkarten arbeiten.

- **Datenübertragungskosten**

  Mit Chipkarten können auch Off-line-Transaktionen durchgeführt werden. Trotzdem wird auf eine Anbindung der

Endgeräte an ein Computernetz nicht verzichtet werden können. Welche Funktionen die Verbindung der Chipkarten-Endgeräte zu einem Computernetz erfordern, ist in Abschnitt 7.5 dargestellt.

Weil On-line-Nachrichten nur unter bestimmten Bedingungen erforderlich sind und für die turnusmäßig zu übertragenden Daten Zeiten niedriger Übertragungstarife gewählt werden können, ergeben sich beträchtliche Einsparungsmöglichkeiten bei den Kosten für die Datenübertragung.

- **Hardware-Kosten**

  Die in Chipkartensystemen verwendeten Endgeräte können meistens einfache und damit preiswertere Geräte ohne spezielle Sicherheitshardware sein, weil die PIN-Prüfung im Chip durchgeführt wird und kryptografische Algorithmen ebenfalls im Chip ablaufen können. Damit entfällt in vielen Fällen die Notwendigkeit, geheime kryptografische Schlüssel sicher im Endgerät zu speichern.

- **Betrugsverluste**

  Betrugsfälle, in denen echte Daten von Magnetstreifen gelesen und auf Blankokarten oder gefälschte Karten übertragen werden, nehmen stark zu. Solche Betrugsfälle werden durch den Einsatz von Chipkarten ausgeschlossen. Es ist so gut wie unmöglich, alle Hindernisse zu überwinden, die gegen unberechtigtes Auslesen von Daten aus dem Chip aufgebaut werden können. Echte Daten auf andere Weise als durch Auslesen aus dem Chip zu ermitteln, kann die Betrüger auch kaum zum Ziel führen. Der Versuch, die Funktionen eines echten Chips einschließlich der kryptografischen Funktionen zu simulieren, ist so gut wie aussichtslos.

  Das Beispiel Frankreich zeigt, welche Fortschritte in der Bekämpfung der Kartenkriminalität durch den Einsatz von Chipkarten erzielt werden können. Seit in Frankreich alle Bankkarten mit Chips ausgestattet sind, sind die Betrugsverluste drastisch zurückgegangen, und zwar im Jahre 1992 um 38 % und 1993 um 25 %. Die Verlustrate aufgrund von Kartenbetrug lag in Frankreich 1993 bei 0,05 %, während sie weltweit 0,15 % betrug.

- **Scheckbearbeitungskosten**

  Wenn Scheckzahlungen durch Chipkartenzahlungen ersetzt werden, entfallen die Kosten für die Scheckbearbeitung und die Risikokosten. Diese Kosten betragen zusammen im Durchschnitt $ 1.50 pro Schecktransaktion.

- **Bargeld-Handling**

  Prüfen, Zählen und Banderolieren von Banknoten verursachen ebenso wie das Prüfen, Zählen und Rollen von Münzen erhebliche Kosten. Werden für das Bezahlen von Waren und Dienstleistungen Chipkarten anstelle von Banknoten und Münzen verwendet, entfallen diese Kosten.

  In Großbritannien werden die Kosten, die der Einzelhandel für das Bargeld-Handling jährlich zu tragen hat, auf £ 800 Millionen geschätzt. Die Banken in Großbritannien gehen davon aus, daß ihre Kosten für die Bearbeitung und Bereitstellung von Bargeld bei £ 2,5 Billionen pro Jahr liegen.

- **Kosten für Geldtransporte**

  Größere Geldbeträge werden aus Sicherheitsgründen von Spezialunternehmen unter hohen Sicherheitsauflagen transportiert. Beim Einsatz von Chipkarten für die Bezahlung entfallen diese Kosten bzw. können reduziert werden.

- **Vandalismus-Kosten**

  Das Beispiel in Bild 3.4 in Abschnitt 3.6 zeigt deutlich, wie drastisch die Fälle von Vandalismus zurückgehen, sobald an öffentlichen Telefonen Karten eingesetzt werden, also aus den Geräten keine Münzen herauszubekommen sind.

- **Wartungskosten**

  Die Annahme von Münzen in einem Gerät erfordert entsprechende mechanische Vorrichtungen. Anfällig für Verschleiß und unvorhersehbare Ausfälle sind aber gerade mechanische Vorrichtungen. Jedes Mal, wenn z. B. die Münzannahme eines öffentlichen Telefons defekt ist, muß ein Techniker anrücken, um die Störung zu beheben. Der Einsatz eines Technikers vor Ort ist aber immer eine teure Art der Fehlerbeseitigung.

- **Kosten für Preis- oder Tarifumstellungen**

  Ein Beispiel macht deutlich, welche Einsparungen durch den Einsatz von Chipkarten zur Bezahlung an Automaten im Falle von Preisänderungen möglich sind: Im öffentlichen Nahverkehrsnetz in München war 1994 eine Tarifumstellung fällig. Zu jedem Fahrkartenautomaten mußten Techniker fahren, um die notwendigen Änderungen durchzuführen, die pro Gerät einen Aufwand von ca. einer halben Stunde erforderten. Bei Geräten, die an ein Netz angeschlossen sind, können neue Tarife über die Leitung an das Gerät übertragen werden.

- **Senkung von Fehlerraten durch Fortfall manueller Computer-Eingaben**

  Wenn keine Daten auf manuellem Wege eingegeben werden müssen, entfallen die unvermeidlichen menschlichen Fehler. Es ist nicht möglich, die Fehlerraten bei der manuellen Dateneingabe unter 0,5 % zu drücken.

- **Personalkosten**

  Durch den Einsatz von Chipkarten können Abläufe automatisiert werden. Der Einsatz von Personal kann dadurch unter Umständen reduziert werden.

- **Papier- und Portokosten**

  Immer dann, wenn mit Chipkarten Systeme abgelöst werden, die auf dem Einsatz von Papier basieren, werden der Versand von Papier und die damit verbunden Kosten entfallen. Lediglich einmal in mehreren Jahren wird dem Karteninhaber eine Karte zugestellt.

3.10.2   Systemkosten

Den möglichen Kostenreduzierungen stehen die Kosten der Systemeinführung und -unterhaltung gegenüber. Wie aufwendig die Entwicklung großer Systeme unter Umständen sein kann, zeigt das Beispiel der deutschen Telefonwertkarte. An der Entwicklung dieses Systems haben der Vorläufer der Deutschen Telekom, die Deutsche Bundespost, die Hersteller von öffentlichen Telefonen, die Firma Siemens als Halbleiterhersteller und die Firma Giesecke & Devrient als Chipkartenhersteller gemeinsam etwa sieben Jahre lang gearbeitet. Allerdings waren im Rahmen dieser Entwicklungszeit technische Basisentwicklungen zu leisten. Für neue Chipkartensysteme kann heute auf die entsprechende Technik zurückgegriffen werden.

Je mehr Systempartner an dem neuen Chipkartensystem beteiligt sind, umso mehr Zeit muß für die Planungs- und die Vorbereitungsphase vorgesehen werden. Je mehr Partner technische und organisatorische Entwicklungsarbeit zu leisten haben, umso aufwendiger ist die Koordination der einzelnen Entwicklungsschritte.

Die mit den folgenden Aufgaben verbundenen Kosten werden für die Einführung und den Betrieb eines Chipkartensystems vorzusehen sein:

- **Projektarbeit**

  In der Vorbereitungs- und Planungsphase fallen für die Systembeschreibungen, Spezifikationen und Projektkoordination vorwiegend Personalkosten an. Für diesen Kostenblock sollten etwa 10 % bis 20 % des gesamten Projektbudgets angesetzt werden.

- **Hardware**

  Für ein neues Chipkarten-System kann die Anschaffung neuer Computer-Hardware oder die Erweiterung bestehender Computeranlagen erforderlich sein.

- **Software-Entwicklung**

  Entsprechend den Systembeschreibungen und Spezifikationen muß Software geschrieben und getestet werden.

- **Endgeräte**

  Endgeräte zur Kommunikation mit den Chipkarten müssen angeschafft werden. Es kann erforderlich sein, neue Geräte zu entwickeln.

  Chipkartenleser, die ausschließlich eine Chipkartenkontaktiereinheit haben, in die also keine Schreib-/Lesevorrichtung für Magnetstreifenkarten integriert ist, sind erheblich preisgünstiger als Kombigeräte, die Chipkarten und Magnetstreifenkarten verarbeiten können. Auch der Preisvergleich zwischen einem Chipkartenleser und einem Magnetstreifenleser, die jeweils nur eine Kartenart bearbeiten können, fällt zugunsten des Chipkartenlesers aus.

- **Pilotphase**

  Die für die Pilotphase angeschafften Systemkomponenten werden nach dem Praxisstart des Systems zum überwiegenden Teil weiter verwendet werden können. Möglicherweise sind Modifikationen erforderlich.

- **Chipkarten-Erstausstattung**

  Die Kosten für die Chipkartenherstellung sind überwiegend abhängig von zwei Faktoren: dem gewählten Chiptyp und der Auflagenhöhe. Auch andere Faktoren wie die Art der Kartenherstellung und die Anzahl der Druckfarben, die zur Realisierung des Layouts erforderlich sind, spielen eine Rolle, beinflussen den Kartenpreis aber in geringerem Maße.

- **Chipkarten-Renewals**

  Die meisten Karten, die für die Benutzung durch bestimmte Personen konzipiert sind, haben begrenzte Laufzeiten, d. h.

sie werden turnusmäßig durch neue Karten ersetzt. Zum Beispiel haben Zahlungskarten wie Kreditkarten und die eurocheque-Karte eine Gültigkeitsdauer von zwei bzw. drei Jahren. Kurz vor Ablauf der Gültigkeit erhält der Karteninhaber eine neue Karte.

- **Ausstellung neuer Karten**

  Für neue Karteninhaber kommen neue Karten hinzu.

  Wenn sich der Name oder die Anschrift eines Karteninhabers ändert, wird eine neue Karte ausgestellt. Solche Änderungen betreffen mindestens 10 % aller Karten eines Systems pro Jahr. Auch bei Verlust oder Diebstahl einer Karte wird eine neue ausgegeben.

- **Marketingmaßnahmen**

  Um für ein neues Chipkarten-System Akzeptanz und Nachfrage zu schaffen, sind rechtzeitige und umfassende Information der Karteninhaber, Werbemaßnahmen und PR-Arbeit erforderlich.

- **Personaltraining**

  Das Personal, das das Chipkartensystem bedienen, betreiben, warten und neuen Anforderungen anpassen soll, muß ausgebildet und kontinuierlich über Veränderungen informiert werden.

- **Datenübertragung**

  Je nach Anwendungskonzept und Netzstruktur fallen in einem Chipkartensystem Kosten für die Übertragung von Daten an.

- **Systemwartung**

  Jedes technische System muß regelmäßig gewartet werden, um einen optimalen Systembetrieb sicherzustellen.

- **Systemanpassung und -änderung**

  Im Laufe der Zeit ändern sich die Anforderungen an Systeme. Technischer Fortschritt macht Verbesserungen und oft auch Kostensenkungen möglich. Deshalb müssen ständig Maßnahmen zur Verbesserung und Optimierung des Systems getroffen werden.

- **Reklamationsbearbeitung**

  Auch in einem technisch ausgereiften System kann es zu Pannen oder zu Mißverständnissen kommen, die als Fehler bewertet werden. Die Kosten für die Aufklärung solcher

Fehler, die Fehlerbehebung und die evtl. erforderlichen Systemänderungen sollten von vornherein in die Kostenberechnungen einbezogen werden.

- **Abrechnung mit Systempartnern**

  Entsprechend den Leistungen, die die einzelnen Systempartner für den Betrieb des Systems erbringen, wird eine Gebührenordnung festgelegt werden und die entsprechenden Gebühren unter den Partnern verrechnet.

Für die Systemfinanzierung kommen wie bei jeder Investition verschiedene Modelle in Frage. Die Entwicklungs- und Betriebskosten können auf die Systempartner umgelegt werden, oder sie werden ganz oder teilweise über Teilnehmer- bzw. Nutzungsgebühren wieder hereingeholt.

Beispiel: Krankenversichertenkarte

Die Einführungskosten für die Krankenversichertenkarte in Deutschland, mit der insgesamt 79 Millionen Versicherte ausgestattet wurden, betrugen 410 Millionen DM. Dazu kommen Betriebs- und Wartungskosten für das System von jährlich 75 Millionen DM. In der Aufstellung in Bild 3.5 sind die Kosten für die Systemeinführung detaillierter angegeben.

Bild 3.5:
Einführungskosten der deutschen Krankenversichertenkarte

Ursache der Kosten	Betrag (Mio DM)	pro Versicherten (DM)
Entwicklung und Projektmanagement	20	0,30
Kosten der Erstausstattung	285	4,00
Chipkartenleser und Drucker für Arztpraxen	105	1,50

Besonders interessant ist die Größenordnung der Kosten für das System der Krankenversichertenkarte bezogen auf den einzelnen Versicherten. Die Zahlen in der rechten Spalte der Tabelle in Bild 3.5 geben diese Relation wieder.

In vielen Fällen wird es möglich sein, die eigenen Systemkosten dadurch niedrig zu halten, daß ein bereits bestehendes Chipkartensystem übernommen und gegebenenfalls adaptiert wird. Die Lizenzzahlungen, die für die Nutzung eines bestehenden Systems anfallen, sind auf jeden Fall erheblich niedriger als die Planungs- und Vorbereitungskosten, die für eine Neuentwicklung entstehen.

3.10.3   Einnahmen

Natürlich werden je nach Konzept mit einem Chipkartensystem auch neue Einnahmequellen erschlossen bzw. eine Erhöhung der Einnahmen aufgrund besserer Nutzung erzielt. Der Telefonkunde telefoniert zum Beispiel länger, wenn er eine Telefonkarte hat. Ohne Karte würde sein Gespräch möglicherweise abgebrochen, weil ihm die Münzen ausgegangen sind.

Ein Chipkartensystem kann möglicherweise für andere Institutionen oder für den Einsatz in anderen Ländern in Frage kommen. Entsprechende Lizenzvereinbarungen sichern über längere Zeit einen kontinuierlichen Mittelzufluß. Auch aus der Teilnutzung des Systems durch andere Systembetreiber können Lizenzzahlungen entstehen. Zur Mitnutzung kann anderen Systemteilnehmern das gesamte System oder nur einzelne Komponenten zur Verfügung gestellt werden, seien es Softwarepakete oder ROM-Masken und gegebenfalls das Logo. Außerdem werden die Systembenutzer in vielen Fällen an den Systembetreiber Gebühren für die Systembenutzung zu entrichten haben.

Karteninhabern können z. B. – sofern es sich nicht um vorbezahlte Karten handelt – Jahresgebühren in Rechnung gestellt werden. Bei Electronic Purse Chipkarten, die wieder aufgeladen werden können, werden teilweise Gebühren für das Aufladen der Karten erhoben. Für die deutsche GeldKarte, die ab Anfang 1996 in einem Pilotprojekt erprobt wird, sind das pro Ladevorgang DM 2,-.

Auch die übrigen Systemteilnehmer, z. B. Einzelhandels- und Dienstleistungsunternehmen haben Gebühren zu tragen. Im electronic cash-System sind das 0,3 %, mindestens DM 0,15 pro Transaktion und für die neue GeldKarte 0,3 %, mindestens DM 0,05 pro Transaktion.

Für das belgische Electronic Purse System PROTON werden während der Pilotphase Gebühren in Höhe von 0,9 % des Transaktionsbetrages für Käufe im Handel bzw. 2 % des Betrages für Käufe an Verkaufsautomaten fällig.

Gebühren werden auch den Betreibern anderer Kartensysteme in Rechnung gestellt, deren Karten im System mit verarbeitet werden. Die Möglichkeiten, über Chipkarten Werbeeinnahmen zu erzielen, sind nur begrenzt. Zwar wurden über die Nutzung von Karten als farbiges Werbemedium schon 1991 weltweit 100 Millionen $ an Einnahmen erzielt. Allerdings waren als Werbeträger Wegwerfkarten im Einsatz, und nur ein Teil davon waren Chipkarten.

4 Elemente einer Chipkarte

Chipkarten sind recht komplexe Gebilde, und Chipkarte ist nicht gleich Chipkarte. Wie eine Chipkarte für ein bestimmtes System aufgebaut sein muß, richtet sich nach den Anforderungen an die Karte, den Funktionen, die sie haben soll, und den Belastungen, denen sie ausgesetzt sein wird.

In diesem Kapitel sind die Karte, die Materialien, aus denen sie hergestellt wird, und die verschiedenen Elemente beschrieben, die eine Chipkarte haben kann. Je nach Strategie wird sie einen Teil der genannten aufweisen. Welche Elemente das sind, hängt im wesentlichen davon ab, in welchem System sie verwendet werden soll und welche Sicherheitselemente aufgrund des Sicherheitskonzepts zusätzlich zum Chip vorgesehen sind.

In Bild 4.1 ist dargestellt, wie eine Chipkarte aufgebaut ist und welche Bestandteile sie hat. In den folgenden Abschnitten sind diese Chipkarten-Elemente beschrieben.

Bild 4.1:
Elemente einer
Chipkarte

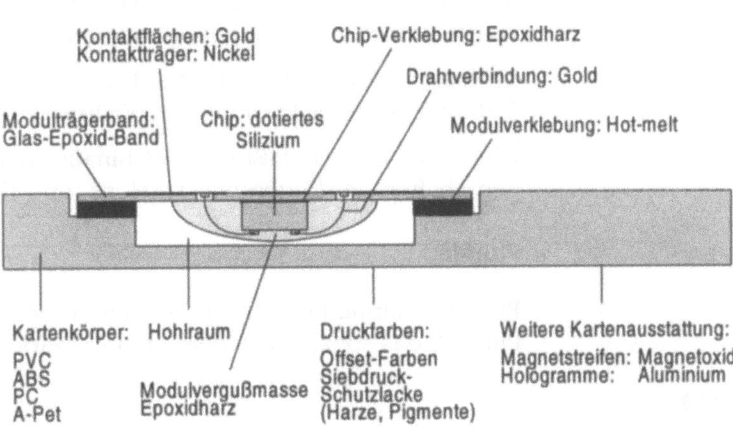

Quelle: G & D/Herbert Grün

4.1 Kartenkörper

Fast alle Chipkarten, die zur Zeit hergestellt werden, haben das Scheckkartenformat von 85,6 mm x 54 mm, wie in Bild 4.2 dargestellt.

Bild 4.2:
Chipkarte im
Scheckkartenformat

Der Radius der abgerundeten Ecken beträgt 3,18 mm mit einer Toleranz von 0,3 mm. Dieses Format wurde 1985 in der ISO-Norm 7810 unter der Bezeichnung ID-1 für Identifikationskarten mit Magnetstreifen und/oder Hochprägung festgelegt. Später wurde es für Chipkarten übernommen.

In dieser Norm ist auch die Dicke der Karte festgelegt, die 0,76 mm mit einer Toleranz von höchstens 0,08 mm betragen soll.

Die Norm 7810 umfaßt darüber hinaus weitere physikalische Eigenschaften der Karten wie Torsions- und Biegefestigkeit.

Plug-In

Eine Ausnahme hinsichtlich des Kartenformats ist das sogenannte Plug-In, das speziell für kleine Mobiltelefone entwickelt wurde.

Bild 4.3:
Plug-In

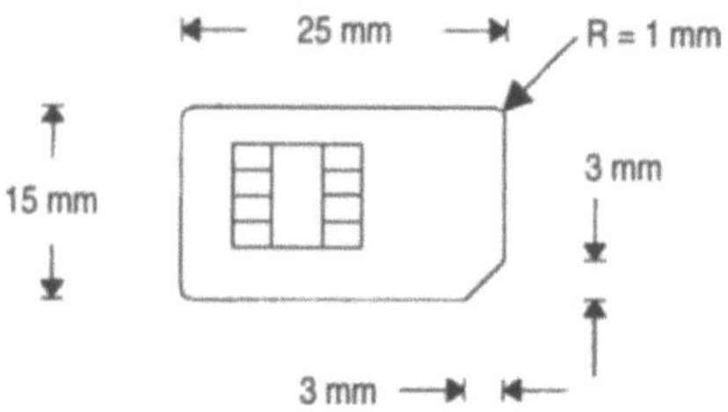

Dieses Format ist, wie Bild 4.3 zeigt, nur 25 x 15 mm groß und wird als ID-000 bezeichnet. Die rechte untere Ecke ist im Winkel von 45° abgetrennt. Dadurch soll das Einlegen in das Gerät erleichtert werden. Wegen seiner geringen Abmessungen ist das Plug-In nicht dafür gedacht, abwechselnd in verschiedenen Geräten benutzt zu werden. Das Hantieren mit dem kleinen Plug-In wäre zu umständlich.

Mehrschichtkarten

Die Kartenkörper werden in mehreren Arbeitsgängen hergestellt. Bei mehrschichtigen Karten werden die Folien zuerst bedruckt und dann in Bögen montiert. Anschließend wird das Kartenmaterial unter Druck und Wärmeeinwirkung laminiert, d. h. die einzelnen Schichten werden miteinander verbunden. Danach werden, falls erforderlich, Magnetstreifen und Unterschriftsstreifen aufgebracht.

Die Bögen werden dann gestanzt, so daß einzelne Kartenkörper entstehen.

Zum Schutz des Drucks gegen Abrieb und Veränderungen durch Temperatur- und andere Einflüsse werden als oberste Schicht bei Mehrschichtkarten häufig transparente Folien verwendet.

Die eurocheque-Karte besteht beispielsweise aus vier Kunststoffschichten. Auf ihre zweitunterste Schicht wird mit geheimen Chemikalien ein Aufdruck durchgeführt, der Bestandteil des MM-Verfahrens zur Echtheitserkennung von Magnetstreifenkarten ist (siehe Abschnitt 4.1.6).

Monofolien- und Spritzgußkarten

Chipkarten können auch aus Monofolien oder im Spritzgußverfahren hergestellt sein. Solche Karten können zum Schutz vor Beschädigung und zur Erzielung einer brillanteren Kartenoberfläche nach dem Bedrucken lackiert werden.

Kartendruck

Während Mehrschicht- und Monoschichtkarten in Bögen bedruckt und dann die einzelnen Karten durch Stanzen der Bögen hergestellt werden, werden Spritzgußkarten einzeln hergestellt und einzeln bedruckt.

Öffnung für das Chipmodul

Die für das Integrieren der Chipmodule erforderlichen Öffnungen in der Karte werden ausgefräst. Bei Spritzgußkarten werden die Öffnungen für die Module von vornherein ausgespart.

4.1.1   Kartenmaterial

Chipkarten werden aus Kunststoffmaterial hergestellt. Sie bestehen entweder aus mehreren Lagen Kunststoff oder nur aus einer Monofolie. Sie können auch im Spritzgußverfahren hergestellt sein.

Welche Art von Kartenkörper eingesetzt wird, hängt von der Art des Chips und der Belastung ab, der die Chipkarte während der Dauer ihrer Benutzung ausgesetzt ist.

Bei längerer Gültigkeitsdauer werden meistens laminierte Karten verwendet. Besteht die oberste Kartenschicht aus einer transparenten Folie, ist der Druck der Karte geschützt. Die glatte Kartenoberfläche wirkt optisch hochwertig.

Als Wegwerfkarten, die für eine kurzzeitige Verwendung konzipiert sind und nach der Benutzung weggeworfen werden, sind vielfach die kostengünstigeren Spritzgußkarten im Einsatz.

An das Kartenmaterial werden sehr verschiedene Anforderungen gestellt, wie

- die Herstellung von Folien mit sehr geringen Dickentoleranzen,
- die Einhaltung der in der ISO-Norm 7810 festgelegten Werte für die Biege- und Torsionsfestigkeit,
- die Laserfähigkeit des Materials (siehe Abschnitt 4.1.7),
- die für das Stanzen der Modulöffnungen erforderliche Kerbschlagzähigkeit

Hinzu kommt, daß das Bedrucken des Plastikmaterials sehr viel schwieriger ist als der Druck auf herkömmlichen Bedruckstoffen, weil

- das Plastikmaterial sehr viel starrer ist als Papier und
- die Oberfläche des Materials nicht saugfähig ist.

Diese Probleme zu lösen, erforderte zum Teil die Konstruktion besonderer Maschinen und viel Erfahrung mit den Materialien.

Zur Kartenherstellung werden verschiedene Materialien verwendet, und zwar vor allem

- Polyvinylchlorid (PVC)

- Polycarbonat (PC)

- Acrylnitril-Butadien-Styrol (ABS)

- amorpher Polyester (A-PET)

Außer PVC werden die genannten Materialien sowohl als Folien als auch in Spritzgußtechnik zu Karten verarbeitet. PVC steht nur in Form von Folien als Karten-Vorprodukt zur Verfügung.

Für die neben PVC heute bereits in der Kartenherstellung verwendeten Materialien PC, ABS und A-PET sind noch Entwicklungsarbeiten erforderlich, um alle Anforderungen erfüllen zu können, die an Chipkarten gestellt werden.

Über den Einsatz weiterer Materialien, wie z. B. Polystyrol-Homopolymer (PS), Polyethylenterephtalat (PETP), Polymethylmethacrylat (PMMA) oder Polypropylen (PP) für die Kartenherstellung, wird nachgedacht. Diese Materialien kommen für die Herstellung von Chipkarten in der nächsten Zeit jedoch wahrscheinlich kaum in Frage. Die Gründe dafür sind unterschiedlich und vielfältig. PS weist z. B. eine hohe Sprödigkeit auf. PETP ist nicht ohne weiteres laminierfähig. PMMA ist anfällig für Spannungsrisse und teurer als andere Materialien. Bei PP macht vor allem das Bedrucken Schwierigkeiten.

Sowohl PVC als auch PC, ABS und A-PET sind generell recyclingfähig. Die Materialien können nach einer entsprechenden Aufbereitung in Form anderer Produkte weiter verwendet werden. Allerdings stehen die für ein solches Recycling von Karten erforderlichen Infrastrukturen bisher noch nicht in ausreichendem Maße zur Verfügung. Für die Plastikmaterialien, die für die Arznei- und Lebensmittelverpackung eingesetzt werden wie A-PET und PP, bestehen Recycling-Möglichkeiten im Verpackungsbereich.

PVC

PVC ist ein Weiterverwertungsprodukt für überschüssige Chlormengen, die in der Chemieindustrie als Abfallchemikalie in einer Reihe von chemischen Grundlagenprozessen entstehen. Für die Kartenherstellung wird vor allem PVC verwendet. 87,5 % aller weltweit hergestellten Karten bestehen aus diesem Material. Aufgrund der jahrzehntelangen Erfahrungen mit PVC können die verschiedenen Anforderungen an Karten ohne weiteres erfüllt werden.

Wegen seines Gehalts an Schwermetall-Stabilisatoren, flüchtigen Weichmachern, krebserregenden Rest-Monomer-Bestandteilen des Vinylchlorids, der Salzsäure-Bildung bei der thermischen Verarbeitung und der Dioxin-Bildung bei unsachgemäßer Verbrennung ist PVC ein umstrittener Kunststoff. In die Diskussionen über PVC, die zum großen Teil sehr emotional geführt werden, werden auch Karten einbezogen. Allerdings haben sie nur ein Anteil von 0,26 % an der Weltproduktion von PVC-Produkten.

Polycarbonat

PC ist im Vergleich mit PVC ein sehr teurer Rohstoff, hat jedoch Eigenschaften, die ihn als Kartenmaterial attraktiv machen. Vor allem wegen seiner hohen Wärme-Festigkeit (bis etwa 150˚ C) und seiner langen Lebensdauer ist davon auszugehen, daß der Anteil dieses Materials am Kartenmarkt steigen wird.

ABS

ABS ist besonders für die Verarbeitung im Spritzgußverfahren geeignet. Die meisten europäischen Kartenhersteller, die auch Spritzgußkarten anbieten, verwenden dafür vorwiegend ABS – ein Material mit hoher Wärme- und Kältefestigkeit. Für GSM-Karten ist eine besonders hohe Wärmefestigkeit erforderlich. Deshalb ist für GSM-Karten ABS als Kartenmaterial obligatorisch.

A-PET

A-PET wurde als Ersatzprodukt für PVC für die Verpackungsindustrie entwickelt und ist heute in großem Umfang als Verpackungsmaterial für Lebensmittel, Getränke und andere Produkte im Einsatz. Seine Verarbeitungseigenschaften sind denen des PVC ähnlich. Bisher sind für dieses Material keine umweltrelevanten Nachteile bekannt. Aus technischer Sicht ebenso wie unter Kostengesichtspunkten wird A-PET als interessantes Vorprodukt für Karten angesehen. Es sind jedoch noch Vorarbeiten zur Materialoptimierung erforderlich, bevor A-PET in größerem Umfang für die Kartenherstellung eingesetzt werden kann.

4.1.2 Kartengestaltung

Aufgrund der jahrzehntelangen Erfahrung in der Herstellung von Plastikkarten kann praktisch jedes gewünschte Druckbild hergestellt werden. Das optische Erscheinungsbild der Karte hängt außer von der grafischen Gestaltung von dem gewählten Kartenmaterial ab. Besonders brillant wirkt die Kartenoberfläche, wenn die oberste Schicht des Kartenmaterials eine transparente Folie ist.

Stark eingeschränkt sind die Gestaltungsmöglichkeiten durch die geringe Größe und die verschiedenen Elemente der Karte, wie Chip-Kontaktfläche, Magnetstreifen, Unterschriftsstreifen und Hochprägung, deren Lage auf der Karte durch die ISO-Norm 7816 festgelegt sind.

Über die durch die Norm standardisierten Kartenelemente hinaus sind von den Kartenemittenten zahlreiche Gestaltungsvorschriften festgelegt worden, die im Falle des Co-branding berücksichtigt werden müssen. Dabei geht es um die Größe und Position von Logos und Hologrammen und die Lage von Fotos und Beschriftungen auf der Karte.

4.1.3 Hochprägung

Bei der Hochprägung wird das Plastikmaterial der Karte so verformt, daß eine Art Relief auf der Kartenoberfläche entsteht. Auf diese Weise ist es möglich, mit sehr einfachen Geräten von den Karten einen Abdruck auf Papier herzustellen.

Diese Art der Kartenverarbeitung ist auch in entlegenen Gegenden, wo es keinen Stromanschluß gibt, möglich. Das war eine Voraussetzung dafür, daß Karten weltweit eingesetzt werden konnten.

Für die Hochprägung sind auf der Karte zwei Bereiche festgelegt. Im oberen befindet sich die Kartennummer. Die ersten zwei bis sechs Stellen der Kartennummer definieren die Kartenorganisation. Im unteren dieser Bereiche erscheint der Name und evtl. die Adresse des Karteninhabers.

In der internationalen Norm ISO 7811 sind die Form, die Größe und die Prägehöhe der Zeichen sowie die Lage der beiden Hochprägebereiche auf der Karte spezifiziert.

4.1.4 Magnetstreifen

Die Eigenschaften des Magnetstreifens, die Codiertechnik und die Lage der Magnetspuren sind in der ISO-Norm 7811 festgelegt.

Entsprechend dieser Norm können sich auf einem Magnetstreifen 3 Spuren befinden. Die Spuren 1 und 2 werden bei der Magnetstreifenbearbeitung nur gelesen. Die Spur 3 kann auch beschrieben werden. Die Speicherkapazität des Magnetstreifens beträgt ca. 1.000 Bit.

4.1.5 Unterschriftsstreifen

Unterschriftsstreifen auf Karten werden entweder hergestellt, indem im Siebdruckverfahren mit einer Spezialfarbe ein Farbfeld aufgebracht oder indem ein Kunststoffstreifen auf die Karte laminiert wird. Die Unterschrift auf dem Unterschriftsstreifen wird visuell geprüft.

Die Position des Unterschriftsstreifens auf der Karte ist nicht genormt. Die Normung von Kartenelementen wurde in erster Linie vorgenommen, um die maschinelle Bearbeitung der Karten zu ermöglichen.

4.1.6 Echtheitsmerkmale

In diesem Abschnitt werden die Echtheitsmerkmale behandelt, die automatisch, d. h. mit entsprechenden Geräten, geprüft werden. Die Geräte sind so ausgelegt, daß die entsprechende Prüfung obligatorisch ist. Ist das Ergebnis der Echtheitsprüfung negativ, wird die Transaktion nicht durchgeführt.

Die in diesem Abschnitt dargestellten Verfahren wurden für die Echtheitsprüfung von Magnetstreifen konzipiert und sind für Chipkarten nur relevant, wenn es sich um Hybridkarten handelt. Der Ansatz für Chipkartenbetrüger läge darin, einen Chip zu simulieren, der sich wie ein echter Chip verhält. In welchem Träger, d. h. in welcher Karte dieser gefälschte Chip ist, wäre bedeutungslos. Bei Hybridkarten, bei denen entweder der Chip oder der Magnetstreifen verarbeitet wird, ist es sinnvoll, die Echtheit der Karte bzw. der Daten des Magnetstreifens zu prüfen, wenn der Chip nicht verarbeitet wird. Das könnte der Fall sein, wenn nur ein Teil der Endgeräte, in denen die Karten bearbeitet werden, Chipkartenleser haben.

Von der Industrie wurden verschiedene Verfahren entwickelt, von denen aber nur zwei in größerem Umfang in der Praxis eingesetzt werden: das MM-Verfahren und das EMI Watermark-Verfahren.

MM-Verfahren

Das MM-Verfahren – die Abkürzung MM steht für modulares Merkmal – wurde von der Firma Giesecke & Devrient in München im Auftrage des deutschen Kreditgewerbes für die eurocheque-Karten erarbeitet. Es ist daher nicht frei am Markt verfügbar.

Das Verfahren basiert auf der Kombination der Bedruckung des Plastikmaterials mit geheimgehaltenen Substanzen und des Einsatzes kryptografischer Verfahren. In die zweitunterste Lage des Kartenmaterials wird mit den geheimen Substanzen ein Wert eingedruckt. Aus diesem Wert und den Kartendaten, die für diese Karte bei allen Transaktionen stets unverändert bleiben, wie der Kontonummer und der Bankleitzahl, wird ein Prüfwert gebildet. Dieser Prüfwert wird während der Personalisierung der Karte mit auf den Magnetstreifen geschrieben.

In Abschnitt 8.8 ist der Ablauf einer MM-Prüfung schematisch dargestellt.

EMI Watermark-Verfahren

Dieses Verfahren wurde von der Firma Thorn EMI in Großbritannien entwickelt. Die normalerweise ungeordneten Partikel des magnetisierbaren Materials werden während der Herstellung des Magnetbandes in eine Art geometrisches Muster gebracht. Durch Messungen an definierten Stellen des Musters wird ein Bitstrom erzeugt. Durch Verknüpfung des Bitstroms mit den Daten des Magnetstreifens mittels eines kryptografischen Verfahrens wird ein Prüfwert gebildet und während der Personalisierung mit auf den Magnetstreifen geschrieben. Die standardisierte Funktion des Magnetstreifens bleibt davon unberührt.

4.1.7   Sicherheitskomponenten

In die Karte können verschiedene Elemente gebracht werden, die bei visueller Prüfung der Karte Anhaltspunkte dafür bieten, ob die Karte echt und gültig ist. Bei einer Chipkartenanwendung wird die Prüfung der Echtheit und Gültigkeit einer Karte durch die Chipanwendung automatisch durchgeführt. Wenn der Chip verarbeitet wird, ist eine visuelle Kartenprüfung also nicht erforderlich.

In diesem Abschnitt werden die Elemente einer Karte beschrieben, die für die visuelle Prüfung der Kartenechtheit eine Rolle spielen. Welche Bedeutung sie unter dem Gesichtspunkt der Sicherheit haben, ist in Abschnitt 8.9 dargestellt.

Informationen auf der Karte, die aufgedruckt, hochgeprägt oder im Lasergravur-Verfahren in die Karte gebracht sind, dienen auch der Information des Karteninhabers. Er muß – auch ohne daß Informationen aus dem Chip gelesen werden – erkennen können, um welche Karte es sich handelt und ggf. bis wann sie gültig ist.

Fluoreszenz

Plastikmaterialien können ebenso wie Papier mit fluoreszierenden Spezialfarben bedruckt werden.

Mit Speziallampen können die mit diesen Farben gedruckten Motive sichtbar gemacht werden, auf der eurocheque-Karte beispielsweise ein Porträt Beethovens.

Foto

Ein Foto des Karteninhabers kann mit unterschiedlichen Verfahren auf die Karte gebracht werden. Ein fälschungssicheres Verfahren ist die Lasergravur. Mit Lasergravur können jedoch nur Schwarzweiß-Bilder erzeugt werden. Für Farbfotos kommt das Thermotransfer-Verfahren in Frage.

In digitalisierter Form kann ein Foto im Chip gespeichert werden. Mit Spezialgeräten kann das Bild aufgrund der aus dem Chip gelesenen Informationen reproduziert werden. Der Speicherbedarf dafür ist allerdings recht hoch.

Gültigkeitsdaten

Die Gültigkeitsdauer vorbezahlter Karten ist meistens nicht begrenzt. Der Grund dafür ist vor allen Dingen, daß für die meisten vorbezahlten Karten keine Rückzahlung nicht verbrauchter Beträge in Form von Bargeld vorgesehen ist.

Der Zeitraum, auf den die Laufzeit von Karten beschränkt wird, beträgt meistens zwei oder drei Jahre.

Die entsprechenden Daten sind im Chip gespeichert und können auch durch Druck, Hochprägung oder Lasergravur auf der Karte lesbar angebracht sein.

Die Begrenzung der Gültigkeitsdauer von Karten wird vor allen Dingen aus Sicherheitsgründen vorgesehen. Ein weiterer Grund, Karten nicht bis zum Ende ihrer technischen Lebensdauer im Einsatz zu lassen, ist das Erfordernis, die grafische Gestaltung der Karten und der darauf befindlichen Logos von Zeit zu Zeit an veränderte Anforderungen anzupassen.

Hologramm

Hologramme auf Karten wurden zur Erhöhung der Sicherheit eingeführt. Heute sind relativ viele Karten mit Hologrammen versehen, obwohl die Möglichkeit, dadurch die Sicherheit zu verbessern, nicht mehr als hoch eingeschätzt wird. Verbessert werden kann die Sicherheitswirkung von Hologrammen dadurch, daß in das Hologramm eine Lasergravur gebracht wird. Bei der eurocheque-Karte befinden sich beispielsweise die letzten vier Ziffern der Kontonummer im unteren Bereich des Hologramms.

Lasergravur

Mit Hilfe von Laserverfahren kann jede gewünschte Information in die Karte gebracht werden. Laserstrahlen verändern, entsprechend der einzubringenden Information, gezielt das Plastikmaterial der Karte. Zwei verschiedene Lasergravur-Verfahren sind im Einsatz.

Bei einem Verfahren wird mit Hilfe des Laserstrahls das Kartenmaterial so verändert, daß die Kartenoberfläche völlig glatt bleibt. Mit dieser Art der Lasergravur werden z. B. Fotos in Karten gebracht. Das andere Laserverfahren verändert auch das Material der Kartenoberfläche so stark, daß tastbare Verwerfungen auf der Karte entstehen.

4.2   Chiptypen

Die Chips, deren Rohstoff Silizium ist, werden in aufwendigen Verfahren hergestellt. Für die Herstellung eines Chips sind ca. 450 verschiedene Produktionsschritte erforderlich. Der Herstellungsprozeß eines Chips dauert zwischen acht und zwölf Wochen.

In Karten integrierbare Chips werden weltweit von etwa sieben bis acht Halbleiterherstellern angeboten. Die Produktpalette der größten dieser Anbieter, der Firmen Siemens, Thomson und

Motorola, liegt in der Größenordnung von zehn bis zwanzig verschiedenen Chiptypen.

An Chipkarten und damit vor allen Dingen an den Chip werden hohe Anforderungen hinsichtlich der Sicherheit gestellt. Es muß so gut wie ausgeschlossen sein, daß Daten unbefugt aus dem Chip ausgelesen oder Daten im Chip unbefugt verändert werden können. Die Sicherheit der Chips beruht auf der Sicherheit, die durch die Eigenschaften der Hardware gewährleistet wird, und auf Software-Maßnahmen (siehe Abschnitt 4.2.2) zur Verhinderung des unberechtigten Zugriffs.

In die Kategorie Hardware-Sicherheit gehört die Verhinderung des direkten Auslesens von Daten. Durch die Verwendung der EEPROM-Technologie ist diese Sicherheit gewährleistet. Die EEPROM-Technologie wird sowohl für Speicherchips als auch für Prozessorchips verwendet. Auf optischem Wege ist der Inhalt von EEPROM-Zellen nicht auslesbar. Versucht man auf andere Weise, z. B. durch Abätzen der Halbleiterschichten, an die gespeicherten Informationen heranzukommen, wird der Inhalt der EEPROM-Zelle vernichtet.

Ebenfalls der Kategorie Hardware-Sicherheit zuzuordnen ist die Integration von CPU bzw. Sicherheitslogik und Speicher auf einem Chip. Sowohl bei Speicherchips mit Sicherheitslogik als auch bei Prozessorchips gibt es keine Adreß- bzw. Datenleitung, über die von außen direkt auf den Speicherbereich zugegriffen werden kann.

Weitere Maßnahmen der Hardware-Sicherheit sind Spannungs- und Frequenzüberwachungen, die durch Abschalten verhindern, daß bei Unterspannung oder Niederfrequenz die Hardware in undefinierte Zustände gerät.

Das Auslesen von Daten von außerhalb des Chips wird zudem durch das Aufbringen einer Metallisierung verhindert — ein Verfahren, das auch gegen das Auslesen von Daten mit Hilfe von Elektronenmikroskopen wirksamen Schutz bietet.

Ein Chip, der in eine Plastikkarte integriert werden soll, ist heute nicht größer als 25 mm^2. Befestigt im flexiblen Plastikmaterial, würde die Stabilität eines größeren, starren Siliziumplättchens nicht ausreichen. Es würde brechen, wenn die Karte gebogen wird.

Über die Ein- und Ausgabeeinheit wird sowohl bei Speicherchips als auch bei Prozessorchips die Kommunikation mit dem Chipkartenleser gesteuert.

4.2.1 Speicherchips

Speicherchips werden für Anwendungen eingesetzt, bei denen in der Chipkarte keine eigene Rechnerleistung benötigt wird. Das ist z. B. bei Telefonwertkarten und Krankenversichertenkarten der Fall. Speicherchips, besonders die Speicherchips ohne Sicherheitslogik, die für die Krankenversichertenkarte verwendet werden, sind im Vergleich zu Prozessorchips die preiswertere Alternative.

Bild 4.4:
Speicherchips mit
Sicherheitslogik

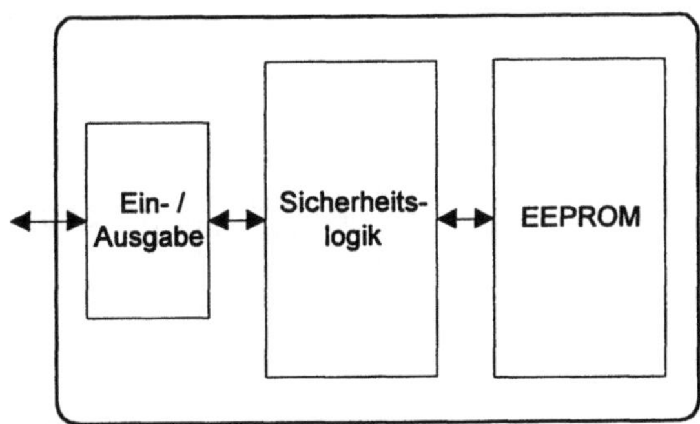

Im Speicher sind die für die jeweilige Anwendung erforderlichen Daten gespeichert. Wie in Bild 4.4 dargestellt, wird der Zugriff auf den Speicher bei Speicherkarten mit Sicherheitslogik von der Sicherheitslogik gesteuert.

Der Typ der Speicherkarten ohne Sicherheitslogik ist hier nicht separat dargestellt. Der Zugriff auf die Daten wird bei diesem Chiptyp direkt über die Ein-/Ausgabeeinheit durchgeführt.

4.2.2 Prozessorchips

Wie in Bild 4.5 dargestellt, bestehen Prozessorchips aus einem Rechner und verschiedenen Arten von Speichern.

Der Rechner übernimmt alle aktiven Aufgaben, steuert den Ablauf der Anwendung innerhalb des Chips und den Zugriff auf die verschiedenen Speicherbereiche.

Im ROM ist das Betriebssystem des Prozessorchips gespeichert. Es wird während des Produktionsprozesses eingebrannt. Daher kann es nach der Chipherstellung nicht mehr verändert werden.

Das Betriebssystem wird entsprechend den Anforderungen der Anwendung und den Eigenschaften des verwendeten Prozessorchips entwickelt. Betriebssysteme für Prozessorchips werden auch als „Maske" bezeichnet. Für die Neuentwicklung einer solchen Maske einschließlich der erforderlichen Tests ist je nach Anforderung mit einer Zeitdauer von 2 bis 9 Monaten zu rechnen. Für Chipkarten-Anwendungen, für die große Kartenauflagen vorgesehen sind, wird es sinnvoll sein, ein optimales Betriebssystem neu zu entwickeln.

Bild 4.5:
Prozessorchips

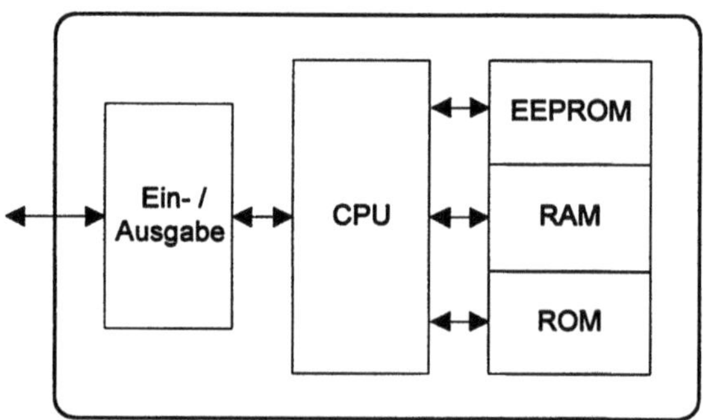

Ist nur eine kleinere Chipkarten-Auflage vorgesehen, ist es unter Umständen ökonomischer, ein vorhandenes Betriebssystem gegen entsprechende Lizenzzahlungen mitzubenutzen, vorausgesetzt, es existiert bereits eine entsprechend geeignete Maske.

Ein anwendungsunabhängiges Chipkartenbetriebssystem ist das System STARCOS. Es ist ein multifunktionales System, auf unterschiedlicher Hardware lauffähig und für das Nachladen von Funktionen geeignet. Die bedeutendste Anwendung auf der Basis von STARCOS ist die eurocheque-Chipkarte in Österreich.

Der Arbeitsspeicher des Prozessors ist das RAM. Darin werden während der Verarbeitung Zwischenergebnisse der Verarbeitung zwischengespeichert. Er kann nur benutzt werden, solange der Chip kontaktiert ist, d. h. solange die Versorgungsspannung vorhanden ist. Ist keine Versorgungsspannung vorhanden, können in diesem Speicherbereich keine Daten gehalten werden.

Im EEPROM werden Daten und Programme gespeichert. Die in diesem Speicherbereich vorhandenen Daten und Programme bleiben auch ohne Versorgungsspannung erhalten, d.h. auch dann, wenn die Kontaktierung des Chips und damit die Stromversorgung beendet ist.

Daten in Prozessorchips können

- frei auslesbar

- nur nach chipinterner Berechtigungsprüfung auslesbar

- nur chipintern verwendbar, nicht auslesbar

sein. Das Betriebssystem, über das auch der Zugriff auf Daten über die Ein-/Ausgabeeinheit geregelt wird, kann diese Zugriffsmodi enthalten, so daß die korrekte Behandlung der Daten sichergestellt werden kann.

Ist es für eine Chipkartenanwendung erforderlich, daß ein asymmetrischer kryptografischer Algorithmus im Chip abläuft, wird ein spezieller Kryptochip verwendet. Kryptochips sind Prozessorchips, die zusätzlich zu den hier beschriebenen Elementen einen Co-Prozessor haben, der speziell für kryptografische Algorithmen konzipiert wurde.

4.3 Kommunikation mit dem Chip

Die Kommunikation zwischen Chipkarte und Endgerät kann entweder durchgeführt werden über Kontakte, die auf der Karte liegen oder über Bauteile, die in den Kartenkörper integriert sind und eine kontaktlose Kommunikation ermöglichen. Die physikalischen Eigenschaften der Kontakte bzw. der integrierten Bauteile sind entsprechend unterschiedlich.

Bei beiden Übertragungsarten müssen die Chips extern mit der erforderlichen Versorgungsspannung versorgt werden.

4.3.1 Chipkarten mit Kontakten

Die auf der Karte liegenden Kontakte sind vergoldet. Die Lage der Kontakte auf der Karte, ihre Größe und ihre elektrische Belegung sind normiert in der ISO-Norm 7816-2. Diese Norm umfaßt vorläufig auch noch die vorwiegend in Frankreich verwendete höhere Position des Kontaktfeldes, näher am oberen Rand der Karte.

Für die Abwicklung der Datenübertragung sind zwei verschiedene Protokolle in der ISO-Norm 7616-3 normiert. Das Übertragungsprotokoll T=0 wurde bereits 1989 normiert, das Übertragungsprotokoll T=1 in Anhang 1 im Jahre 1992. Das Protokoll T=1 ist ein Blockübertragungsprotokoll, d. h. ein Datenblock ist die kleinste Einheit, die zwischen Chipkarte und Endgerät übertragen werden kann.

Das Protokoll T=1 hat sich weitgehend durchgesetzt. Es hat den Vorteil, daß mit diesem Protokoll eine klare Trennung zwischen Übertragungs- und Anwendungsebene möglich ist. Diese Trennung bedeutet, daß die Daten jeweils nur auf der Ebene bearbeitet werden, für die sie bestimmt sind. Für moderne Übertragungsprotokolle wird diese Trennung allgemein gefordert, damit eine sichere Übertragung gewährleistet werden kann. Besonders wichtig ist diese Trennung, wenn verschlüsselte Daten übertragen werden sollen.

In Deutschland existiert für Telefonkarten außerdem noch das nationale Protokoll T=14, ebenfalls ein Blockübertragungsprotokoll.

4.3.2 Kontaktlose Chipkarten

Da der Chip und die Bauteile, die eine Kommunikation mit ihm möglich machen, in die Karte vollkommen integriert werden, sind kontaktlose Karten Mehrschichtkarten (siehe 4.1) oder Spritzgußkarten. Spritzgußkarten erreichen die Qualität laminierter Karten allerdings nicht. Von außen ist einer kontaktlosen Karte nicht anzusehen, daß sie eine Chipkarte ist.

Kontaktlose Chipkarten sind im Vergleich zu Chipkarten mit Kontakten teurer.

Chipkarten, die keine auf der Kartenoberfläche liegenden Kontakte haben, können benutzt werden, indem sie

- in ein Endgerät gesteckt oder
- auf ein Endgerät aufgelegt oder
- an einem Endgerät vorbeigeführt werden.

   Werden sie am Endgerät vorbeigeführt, kann der Abstand zum Gerät bis zu 2 mm (close coupling) oder bis zu 100 mm (remote coupling) betragen. Auch ein größerer Abstand als 100 mm ist technisch möglich. Für Übertragungen in Mautsystemen reichen diese Übertragungsmöglichkeiten aber nicht aus.

Chipkarten ohne Kontakte haben gegenüber Chipkarten mit Kontakten Vorteile. Da diesen Vorteilen jedoch auch nachteilige Eigenschaften gegenüberstehen, wird man bei der Neueinführung von Chipkartensystemen zwischen den Kontaktierungsarten sorgfältig abwägen müssen.

Vorteile

Störungen durch Verschmutzung oder Abnutzung der Kontakte können nicht auftreten.

Für outdoor-Anwendungen, d. h. für den Einsatz im Freien, bei dem Karten und Geräte der Witterung ausgesetzt sind, sind kontaktlose Karten besser geeignet als Karten mit Kontakten.

Die Karte muß beim remote coupling nicht in ein Gerät eingelegt werden; d. h.die Abwicklung der Transaktion kann schneller durchgeführt werden.

Wird die Karte in ein Gerät eingelegt, spielt die Lage, in der sich die Karte im Gerät befindet, im Gegensatz zur Handhabung einer Chipkarte mit Kontakten keine Rolle.

Zu lösende Fragen

Die Normierung vor allen Dingen der physikalischen Details der Übertragung zwischen Karte und Endgerät hat noch bei weitem nicht den Stand errreicht wie bei Chipkarten mit Kontakten.

Die Dauer der Übertragung zwischen Karte und Endgerät muß sehr kurz sein, damit keine Inkonsistenzen der Daten durch nicht komplett beendete Transaktionen entstehen können.

Die Verwaltung und separate Bearbeitung von Transaktionen verschiedener Karten muß im Endgerät möglich sein, ohne daß es zu Vermischungen und Verwechselungen der zu den verschiedenen Karten gehörenden Transaktionsdaten kommt. Von der Industrie werden inzwischen kontaktlose Chipkarten angeboten, bei denen diese Problematik durch ein sogenanntes Anti-Kollisions-Protokoll gelöst wird.

Systemimmanente Eigenschaften, die sich nicht verändern lassen

Verwendet man kontaktlose Chipkarten, kann man nicht ausschließen, daß Transaktionen stattfinden, ohne daß der Karteninhaber etwas davon bemerkt. Das birgt die Gefahr der mißbräuchlichen Benutzung von Endgeräten. Für den Karteninhaber dürfte dieses Risiko nur dann akzeptabel sein, wenn ein solcher Mißbrauch nicht zu einem Schaden für ihn führen kann.

Das Abhören von Daten, die zwischen Chipkarte und Endgerät übertragen werden, ist bei kontaktlosen Karten einfacher. Bei Chipkarten mit Kontakten müßte man im Endgerät die Schnittstelle zur Chipkarte manipulieren, um die übertragenen Daten in Erfahrung zu bringen. Kontaktlose Daten werden über eine wenn auch relativ geringe Distanz übertragen und sind während dieser Übertragung abhörbar. Die kryptografische Absicherung der Datenübertragung zwischen Chip und Endgerät ist für kontaktlose Karten daher weit wichtiger als für Karten mit Kontakten. In von der Industrie angebotenen Produkten sind spezielle Verschlüssungsverfahren implementiert, um das unberechtigte Abhören der Kommunikation zwischen Chipkarte und Endgerät zu verhindern.

Phasen eines Chipkartensystems

In diesem Kapitel ist dargestellt, welche vorbereitenden Tätigkeiten für ein Chipkartensystem durchgeführt werden müssen und welche zum Betrieb eines Chipkartensystems gehören.

In Abschnitt 5.1. und 5.2 wird die Abfolge von Tätigkeiten beschrieben, die erledigt werden müssen, bis ein Chipkartensystem in Betrieb genommen werden kann. Außerdem geht es darum, die Zusammenarbeit zu erleichtern zwischen den Entscheidungsträgern, die die Strategie für ein neues Chipkartensystem festlegen und den Projektmitarbeitern, die diese Strategie in technische Spezifikationen umsetzen und die Systementwicklung koordinieren.

Von der Idee für eine Chipkarte bis zu dem Augenblick, in dem sie zum ersten Mal eingesetzt werden kann, ist eine Vielzahl vorbereitender Arbeiten zu erledigen. Nicht alle in diesem Kapitel behandelten Schritte sind in jedem Fall erforderlich. Einige können als optional angesehen werden.

Eine Phase, auf die jedoch auf keinen Fall verzichtet werden sollte, ist der Pilotversuch. Chipkarten werden in den meisten Fällen in großen Stückzahlen eingesetzt. Auch die sorgfältigsten Vorbereitungen und noch so ausgefeilte Testmethoden können bei komplexen technischen Systemen, wie Chipkartensysteme es sind, nicht alle in der Praxis möglicherweise vorkommenden Fehlersituationen abfangen. Im Pilotversuch muß sich das Chipkartensystem nicht nur technisch unter Praxisbedingungen bewähren. Auch über Fragen der Akzeptanz und über Verbesserungsmöglichkeiten der Marketingmaßnahmen können präzisere Einschätzungen gewonnen werden als auf anderen Wegen.

Die Projektarbeit, die der Herstellung von Chipkarten vorausgeht, ist in diesem Kapitel in Planungs- und Vorbereitungsphase unterteilt. Diese beiden Phasen dauern für komplexe Chipkarten-Systeme, an denen verschiedene Systempartner beteiligt sind, in der Regel etwa zwei bis drei Jahre.

5.1   Planungsphase

Die Planungsphase ist für ein Chipkarten-Projekt ein ganz besonders wichtig. Alle wichtigen Bedingungen für das Projekt und seine Umsetzung werden in dieser Phase festgelegt. Jetzt ist es an der Zeit, darüber nachzudenken, was mit dem Chipkartensystem erreicht werden soll und welche Anforderungen es von Anfang an und für die Zukunft erfüllen soll. Die Festlegungen, die in der Planungsphase getroffen werden, bestimmen weitgehend die technische Umsetzung. Die technischen Anforderungen wiederum haben großen Einfluß auf die Kosten für Einführung und Betrieb eines Chipkartensystems.

Die Planungsphase erfordert starkes Management-Engagement. Je klarer die Festlegungen sind, die in der Planungsphase getroffen werden, desto reibungsloser und damit auch kostengünstiger verlaufen die folgenden Projektphasen.

Die einzelnen Phasen eines Chipkarten-Projekts können, wie in Bild 5.1 dargestellt, teilweise parallel durchgeführt werden. Es ist nicht in allen Fällen erforderlich, daß eine Projektphase erst abgeschlossen werden muß, bevor die nächste beginnen kann.

Bild 5.1:
Projektphasen

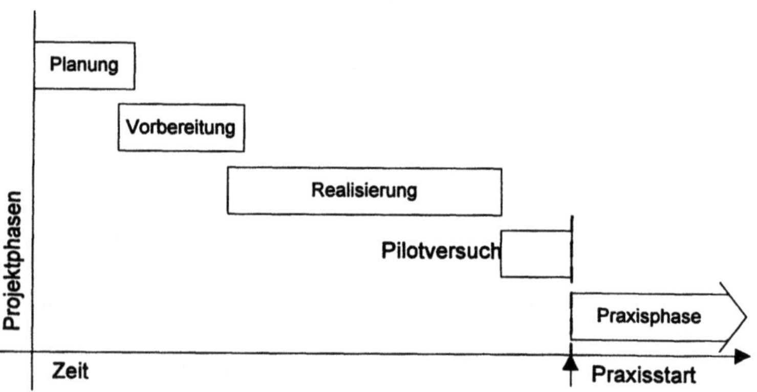

Bild 5.1 ist eine grobe Darstellung der Abfolge der Projektphasen. In Abschnitt 5.2 werden sowohl die in der Vorbereitungs- als auch die in der Realisierungsphase zu leistenden Aufgaben behandelt, weil die Projektrealisierung, d. h. die technische Umsetzung der Spezifikationen und die Durchführung der entsprechenden Tests auch der Vorbereitung des Praxisstarts dienen.

In Bild 5.2 ist schematisch dargestellt, wie eine Planungsphase abläuft. Die Aufgaben werden soweit wie möglich parallel abgearbeitet, um einen möglichst frühen Projektstart zu erreichen.

Bild 5.2:
Planungsphase

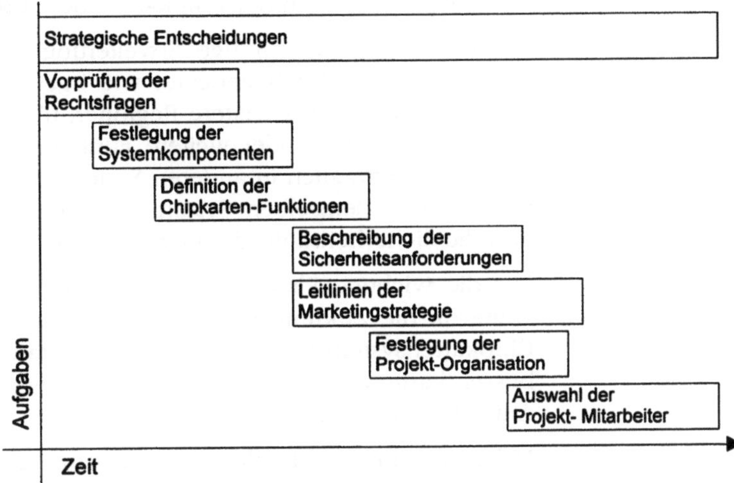

Vor der Planungsphase liegt die Phase der Ideenfindung, in der die Idee für ein Chipkartensystem im Kreise der zuständigen Entscheidungsträger diskutiert wird.

Während der Planungsphase werden die wesentlichen strategischen Entscheidungen getroffen und die Grundbedingungen für die Ausgestaltung des Systems festgelegt.

Alle wichtigen strategischen Entscheidungen sollten bis zum Ende der Planungsphase getroffen sein. Die strategischen Festlegungen haben große Auswirkungen auf die technische und organisatorische Realisierung des gesamten Systems. Werden sie in späteren Projektphasen revidiert, führt das sehr wahrscheinlich zu umfangreichen Redesign-Maßnahmen verschiedener Systemkomponenten. Wegen der damit verbundenen Mehrkosten und des zu erwartenden Zeitverlustes sollten derartige Schritte sorgfältig abgewogen werden.

In die Planungsphase gehört auch die Grobprüfung der Randbedingungen, d. h. eine Vorprüfung der rechtlichen Situation und die Suche nach potentiellen Systempartnern.

In dieser Phase werden die Systemkomponenten bestimmt, die Teil des Chipkartensystems sein werden, und ihre Hauptfunktionen festgelegt. Die Anforderungen an das Sicherheitssystem müssen beschrieben und die Leitlinien einer Marketingstrategie erarbeitet werden.

Die Hauptfunktionen der Chipkarte sind zu definieren.

Die Grobpläne für künftige Erweiterungen des Systems sollten soweit in die Zukunft gerichtet wie irgend möglich durchdacht werden – sei es, daß weitere Regionen für das neue Chipkartensystem erschlossen oder weitere Funktionen hinzukommen, die neue Chipkarte auch in anderen Systemen eingesetzt oder weitere Karten in demselben System verarbeitet werden sollen oder daß die Sicherheitsanforderungen steigen.

Für die wichtige Planungsphase gilt: Je exakter geplant und je weiter in die Zukunft gedacht wird, desto länger wird das neue Chipkartensystem bestehen. Je weiter vorausgedacht wird, desto besser kann die technische Basis von vornherein auf weitere Anforderungen ausgerichtet werden.

Neben technischen Festlegungen fällt in die Planungsphase auch die Bestimmung des Projektteams, das die weiteren Projektphasen zu bearbeiten hat. Festzulegen sind die Größe und die Organisation des Teams und die Anforderungsprofile der Projektmitarbeiter. Auch die Auswahl der Projektmitarbeiter gehört in die Planungsphase.

Für die Projektmitarbeiter sollte die Projektorganisation von Anfang an transparent sein, d. h. zu Beginn ihrer Projektarbeit sollte für die Projektmitarbeiter feststehen, wer an wen berichtet, welche Papiere zu erstellen sind, welche Projekttermine einzuhalten sind und in welchen Zeitabständen Zwischenberichte gewünscht werden.

5.2 Vorbereitungsphase

Zu Beginn der Vorbereitungsphase erfolgt zuerst die technische Beschreibung des Systems und seiner verschiedenen Komponenten.

Während der Vorbereitungsphase werden alle Arbeiten durchgeführt, die für den Praxisstart erforderlich sind, einschließlich aller Realisierungen und eines Pilottests.

Bild 5.3 zeigt die zum Teil gleichzeitig durchzuführenden Aufgaben der Vorbereitungsphase.

Bild 5.3:
Vorbereitungsphase

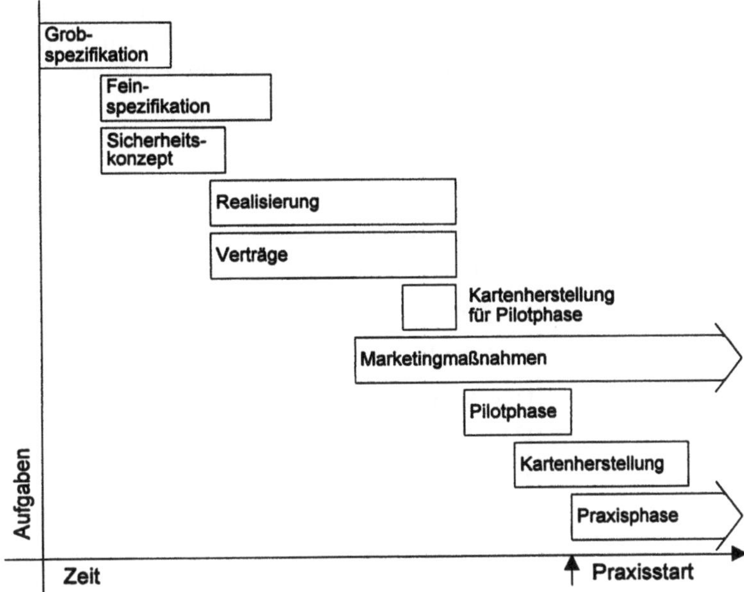

Der Pfeil deutet die weitere Fortführung der Aufgabe an, die damit markiert ist.

Vorgaben für das gesamte System werden von einem Team des Systembetreibers erarbeitet und mit allen Systempartnern abgestimmt. Die technische Beschreibung des Systems wird in zwei Schritten durchgeführt.

Zuerst wird ein Grobdesign erstellt. Von den Entscheidungsträgern wird das Grobdesign bestätigt. Mit der Bestätigung durch das Management wird Mißverständnissen vorgebeugt. Während an dem Grobdesign gearbeitet wurde, sind möglicherweise ursprüngliche Entscheidungen revidiert bzw. weitere Festlegungen getroffen worden. Solche Informationslücken können dadurch geschlossen werden, daß dem Entscheidungsgremium die Grobspezfikation vorgelegt wird.

Dann wird eine Feinspezifikation als Grundlage für die Systemrealisierung erstellt. Die Feinspezifikation enthält alle Angaben, die Entwickler und Programmierer als Vorgaben für ihre Arbeit brauchen. In der Feinspezifikation werden die Funktionen der Systemkomponenten und ihre Schnittstellen beschrieben. Sie enthält auch die Testspezifikationen für die Komponententests und den Integrationstest. Die Komponententests sind zum gründlichen Austesten der einzelnen Systemkomponenten erforderlich, und der Integrationstest wird zum Test des Zusammenspiels aller Komponenten durchgeführt.

Für die Chipkarten werden in den Spezifikationen festgelegt:

- Chiptyp
- ROM-Maske
- Kartenmaterial
- Elemente der Karte
- grafische Gestaltung
- Details der Personalisierung

Das Sicherheitskonzept für das gesamte System wird erarbeitet. Dafür ist es erforderlich

- die Sicherheitspolitik zu formulieren
- Sicherheitsverfahren unter Kosten-/Nutzengesichtspunkten auszuwählen
- die technischen und organisatorischen Sicherheitsmaßnahmen festzulegen
- Zertifizierungsmaßnahmen für Systemkomponenten zu beschreiben
- über den Abschluß von Versicherungen zur Deckung möglicher Betrugsschäden zu entscheiden

Die Mengengerüste für die Pilotphase und den Praxisstart werden festgelegt.

Unter Umständen ist es erforderlich, für den Betrieb des Chipkartensystems neue Unternehmen zu gründen. Das können z. B. Betreiber- und/oder Vertriebsgesellschaften sein.

Die Aufbau- und die Ablauforganisation einschließlich erforderlicher Formulare z. B. für Verträge mit Karteninhabern und für die Erfassung der Daten müssen definiert werden.

Die Realisierung der einzelnen Komponenten einschließlich der Umsetzung des Sicherheitskonzepts wird von mehreren Unternehmen nach den Vorgaben der Spezifikationen durchgeführt. Je präziser die Spezifikationen für die einzelnen Systemkomponenten sind, desto reibungsloser wird die Realisierung möglich sein. Die Arbeiten unterschiedlicher Unternehmen und Organisationen an verschiedenen Komponenten des Systems müssen kontinuierlich und sorgfältig koordiniert werden, damit die Integration der einzelnen Komponenten möglichst reibungslos abläuft.

Während der Realisierungsphase werden alle Hardware- und Softwarerealisierungen einschließlich der erforderlichen Tests durchgeführt. Während der Tests wird festgelegt, welche Korrekturen bzw. Änderungen durchgeführt werden müssen, bevor der Pilottest starten kann.

In der Vorbereitungsphase werden die Verträge mit den Systempartnern formuliert, verhandelt und abgeschlossen.

Mit geeigneten Marketingmaßnahmen wird der Praxisstart des Chipkartensystems vorbereitet. Zur Information der Systembenutzer und zur besseren Durchsetzung des Systems werden kontinuierlich entsprechende Marketingmaßnahmen durchgeführt.

Der Pilottest ist eine äußerst wichtige Projektphase, in der wichtige Weichen für den Erfolg des Systems gestellt werden. Das neue System muß sich unter Praxisbedingungen in kleinerem Maßstab bewähren. Dabei werden die Systemkomponenten realen Betriebsbedingungen unterworfen, die nicht alle im Test simuliert werden können. Auch über die Akzeptanz des Systems bei seinen Benutzern gibt der Pilottest Aufschluß. Nachbesserungen des Systems sind jetzt noch möglich, bevor es für eine breitere Öffentlichkeit installiert wird.

Die Kartenherstellung ist mit der Ausgabe der für den Praxisstart vorgesehenen Kartenanzahl natürlich nicht beendet. Für neue Karteninhaber werden weitere Karten hergestellt. Karten werden turnusmäßig oder im Bedarfsfall durch neue ersetzt.

Gegen Ende der Vorbereitungsphase ist eine Aufgabe zu leisten, die in der grafischen Darstellung in Bild 5.4 nicht enthalten ist. Es geht um die Organisation des Betriebs des Chipkartensystems (siehe Abschnitt 7.6), die festgelegt werden muß und am besten schon etwas eingespielt sein sollte, bevor der Praxisstart des Systems erfolgt. Diese Aufgabe läßt sich nicht ohne weiteres in einem Zeitraster unterbringen, sondern wird in den meisten Fällen in verschiedenen Schritten gegen Ende der Vorbereitungsphase abgearbeitet. Das Team, das den Hauptteil der vorbereitenden Arbeiten ausführt, wird daran nur teilweise beteiligt sein.

5.3	## Systembetrieb

In diesem Abschnitt sind die Aufgaben aufgeführt, die im Rahmen des Betrieb eines Chipkartensystems kontinuierlich oder sporadisch zu erledigen sind. Über die hier genannten Aufgaben hinaus fallen natürlich die üblichen kaufmännischen und technischen Tätigkeiten an wie z. B. Buchhaltung, Personalverwaltung und Betrieb und Pflege von Computersystemen. Solche Arbeiten, die zu jeder Geschäftstätigkeit gehören und für ein Chipkartensystem nicht typisch sind, werden hier nicht erwähnt.

Zum Betrieb eines Chipkartensystems gehören die folgenden Tätigkeitsbereiche:

- **Ausgabe neuer Karten**

  Für jedes neue Chipkartensystem sind zahlreiche Teilnehmer wünschenswert. Im Laufe der Zeit werden weitere Teilnehmer hinzukommen – sei es, daß für ein erfolgreiches System neue Karteninhaber hinzugewonnen werden können – sei es, daß neue Mitglieder in eine Organisation aufgenommen werden, in der Karten benutzt werden (z. B. die Krankenversichertenkarte oder ein Studentenausweis).

- **Ersatz verlorener und gestohlener Karten**

  Auch wenn die Karteninhaber sorgfältig mit ihren Karten umgehen, ist es nicht ausgeschlossen, daß Karten abhanden kommen oder entwendet werden. Für verlorene oder gestohlene Karten muß der Karteninhaber möglichst schnell Ersatz bekommen.

- **Renewals**

  Die Gültigkeitsdauer der meisten Chipkarten wird durch den jeweiligen Emittenten von vornherein begrenzt, und zwar meistens auf zwei oder drei Jahre. Kurz bevor das Verfalldatum erreicht ist, müssen die betroffenen Karteninhaber neue Karten bekommen.

- **Karten sperren**

  Wenn Karten als verloren oder gestohlen gemeldet werden, müssen sie gesperrt werden, damit sie nicht von Unbefugten verwendet werden können. Dabei kommt es besonders auf Aktualität an. Betrüger wissen meistens, daß es schwierig ist, die Informationen über Kartensperren im System stets aktuell zu halten und versuchen deshalb, die Karte innerhalb einer kurzen Zeitspanne, nachdem sie in ihren Besitz gekommen sind, einzusetzen.

- **Aktualisierung von Berechtigungen**

  Handelt es sich um ein Chipkartensystem zum Schutz von Computersystemen vor dem Zugriff durch Unberechtigte, müssen die Berechtigungen, die in die Chipkarten der Benutzer eingetragen sind, bei Bedarf geändert werden.

- **Bonitätsüberwachung**

  Besonders im Zahlungsverkehr, für den Einsatz als Debit- oder Kreditkarten, wird ein nennenswerter Zuwachs für Chipkarten erwartet. Die Zahlung mit Debit- und Kreditkarten ist mit einer Zahlungsgarantie des Kartenemittenten verbunden gegenüber den Unternehmen, die die Karte als Zahlungsmittel akzeptieren. Der Kartenemittent will natürlich möglichst sicher sein, daß er im Rahmen der Zahlungsgarantien so wenig wie möglich verliert, sondern die Zahlungsbeträge von seinen Karteninhabern bekommt. Deshalb ist die richtige Einschätzung der Bonität der Karteninhaber sehr wichtig.

- **Leistungsverrechnung**

  In welcher Form die Daten eingereicht werden müssen, damit ein Anspruch auf Zahlung anerkannt wird, und wie diese Zahlungen abgerechnet werden, ist festzulegen. Entsprechende Zahlungsverkehrswege und Clearing-Funktionen sind im Kreditgewerbe vorhanden und werden für diese Zwecke benutzt werden.

- **Gebührenverrechnung**

  Die Teilnehmer eines Chipkartensystems, und zwar sowohl die Karteninhaber als auch andere Systemteilnehmer wie Handels- und Dienstleistungsunternehmen, haben in der Regel Gebühren zu tragen. Das kann die Jahresgebühr oder eine monatliche Gebühr für den Karteninhaber sein. Den Handels- oder Dienstleistungsunternehmen wird meistens ein bestimmter Prozentsatz, bezogen auf den mit einer Karte getätigten Umsatz, oder auch ein fester Betrag je durchgeführte Transaktion in Rechnung gestellt. Die Gebühren müssen vertraglich vereinbart, und ihr Verrechnungsweg muß festgelegt werden.

- **Reklamationsbearbeitung**

  In jedem Geschäft gibt es Reklamationsfälle. Ob die Beanstandung einer Ware oder Leistung durch einen Kunden berechtigt ist oder nicht, sie muß bearbeitet werden. Besonders, wenn ein System für seine Benutzer noch neu ist, gibt es Beschwerden, auch solche, die nicht auf einen Mangel oder eine Fehlleistung zurückzuführen sind, sondern auf ein Mißverständnis.

- **Vorbeugung gegen Mißbrauch und Betrug**

  Mißbrauch und Betrug werden auch in Chipkartensystemen nicht vollkommen zu verhindern sein. Auf jeden Fall wird immer einmal wieder jemand den Versuch dazu machen, und schon das kann Schaden anrichten. Ob technische oder organisatorische Maßnahmen eingesetzt werden, um Mißbrauch und Betrug zu erschweren, sie müssen geplant und laufend verbessert und verfeinert werden.

- **Bearbeitung von Mißbrauchs- und Betrugsfällen**

  Wenn Mißbrauchs- und Betrugsversuche aufgedeckt werden, muß der Schaden, der angerichtet wurde, behoben werden. Es wird versucht werden, materielle Schäden durch Versicherungsleistungen oder Schadenausgleichsfonds abzudecken. Gegen die Personen, die unrechtmäßig gehandelt haben, müssen Maßnahmen eingeleitet werden, die vom Einziehen der Karte bis zur Strafverfolgung reichen können.

- **Statistische Auswertungen**

  Die Basis für die strategische Steuerung und Weiterentwicklung des Systems sind statistische Daten über seine Nutzung.

- **Marketing- und Vertriebsaufgaben**

  Pressearbeit und Werbemaßnahmen verhelfen dem System zu einem guten Image und einer guten Nachfrage. Vertriebsmaßnahmen verkaufen es.

- **Systempflege und Wartung**

  Computer, Programme, Daten, Netze und Endgeräte müssen regelmäßig überwacht und gewartet werden, damit sie immer in einwandfreiem Zustand und voll funktionsfähig sind. Eine hohe Systemverfügbarkeit trägt wesentlich dazu bei, daß die Systembenutzer zufrieden sind.

- **Weiterentwicklung des Systems**

  Die technische Entwicklung schreitet fort. Durch die Nutzung neuer Technologien kann ein System leistungsfähiger werden, bzw. die Systemkosten können gesenkt werden. Auch das Image des Systems wird beeinflußt davon, ob die neueste und modernste Technologie eingesetzt wird.

6 Lebenslauf einer Chipkarte

In diesem Kapitel ist dargestellt, wie eine Chipkarte hergestellt wird, welche Funktionen während ihres Einsatzes ausgeführt werden und was nach dem Ende ihrer Verwendungszeit mit dem Kartenmaterial geschieht.

Wenn der materielle Prozeß der Kartenherstellung abgeschlossen ist und – je nach Kartenkonzept – möglicherweise Personalisierung und Initialisierung durchgeführt wurden, ist sozusagen die Geburt beendet, und es beginnt das eigentliche Kartenleben, d. h. die Kartennutzung. Die eigentliche Lebensdauer einer Chipkarte, während der sie bestimmungsgemäß benutzt wird, hängt, wenn es sich um eine Wegwerfkarte handelt, davon ab, wie intensiv sie eingesetzt wird, d. h. wie schnell sie verbraucht ist. Ist es keine Wegwerfkarte, kann sie verwendet werden, bis das Verfallsdatum erreicht ist. Die Verwendungszeit wird in den meisten Fällen bei zwei oder drei Jahren liegen. Das technisch mögliche Lebensalter liegt zwar heute schon deutlich darüber, aber es gibt gute Gründe, eine kürzere Gültigkeitsdauer zu wählen:

- Die verbesserten Möglichkeiten, die sich aufgrund technischer Weiterentwicklungen ergeben, sollen im System genutzt werden.

- Das System wird einem kontinuierlichen Verbesserungsprozeß unterworfen sein, der auch Anpassungen der Chipkarte erfordert.

- Das Logo oder unter Umständen verschiedene Logos auf der Karte und die grafische Gestaltung der Karte müssen Veränderungen angepaßt werden.

- Aus Sicherheitsgründen soll es für die Karte nach dem Verfallsdatum keine Verwendungsmöglichkeit mehr geben.

Ist das Ende der Verwendungszeit erreicht, sollte das Material der Karte nach Möglichkeit aufbereitet und in anderer Form weiter benutzt werden können oder auf eine Weise, die die Umwelt möglichst wenig schädigt, zu vernichten sein. In Bild 6.1 sind die Abläufe dargestellt, die die Herstellung der Karte, ihre Benutzung und das Ende ihrer Verwendung als Chipkarte betreffen.

Bild 6.1:
Lebenslauf einer
Chipkarte

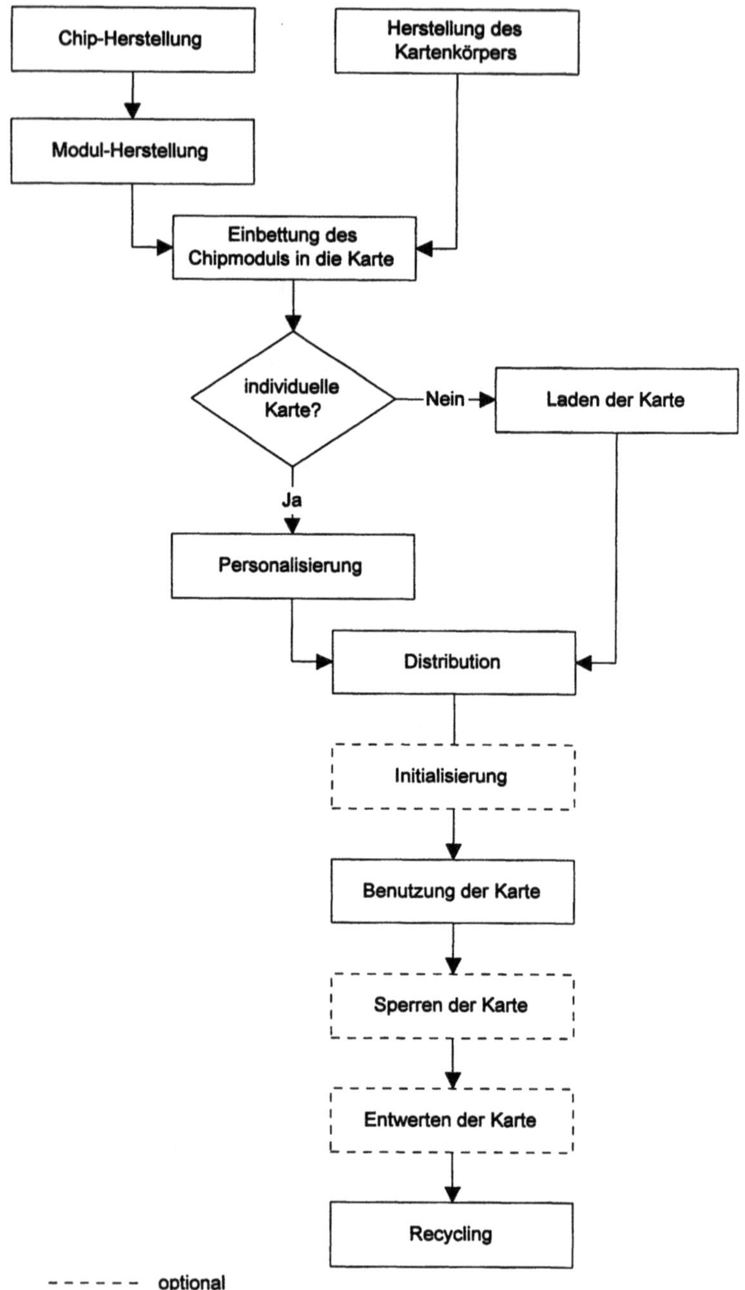

6.1   Herstellen der Karte

Die Kartenherstellung umfaßt eine Reihe von Arbeitsschritten, die in den meisten Fällen von verschiedenen Firmen durchgeführt werden. Die Kartenhersteller führen mindestens das Herstellen und Bedrucken des Kartenkörpers und das Einbetten des Chips in den Kartenkörper aus. Teilweise übernehmen die Kartenhersteller auch vorgelagerte Schritte der Herstellung des Chipmoduls. Die Personalisierung, die im Anschluß an die Kartenherstellung durchgeführt wird, ist eine Dienstleistung, die von allen Kartenherstellern angeboten wird.

Herstellen des Chipmoduls

Die als Wafer bezeichneten Siliziumscheiben werden in einzelne Chips zersägt und in Module geklebt, die den bruchempfindlichen Siliziumkristallen eine größere Stabilität geben. Der einzelne Chip, der Die, wird mit sehr dünnem Golddraht mit der Unterseite des Kontaktfeldes des Moduls verbunden. Mit diesem Vorgang, der als Bonden bezeichnet wird, wird die elektrische Verbindung zwischen Kontaktfeldern und Die hergestellt. Anschließend wird die Rückseite des Moduls und des montierten Die mit Harz vergossen.

Herstellen des Kartenkörpers

Handelt es sich um eine Karte, die aus mehreren Schichten Kunststoffmaterial hergestellt wird, werden zuerst die einzelnen Kunststoffschichten als große Bögen in mehreren Nutzen bedruckt. D. h. in einem Druckvorgang wird dasselbe Druckmotiv mehrfach auf das Material aufgedruckt. Die einzelnen Schichten werden zusammengeführt und unter Einwirkung von Druck und hohen Temperaturen miteinander verbunden. Dieser Vorgang wird als „Laminieren" bezeichnet. Dann werden die einzelnen Karten aus den laminierten Druckbögen gestanzt. Anschließend wird die Tasche für das Chipmodul in den Kartenkörper gefräst und das Modul eingeklebt.

Die Spritzgußkarten, die einzeln aus Kunststoffgranulat hergestellt werden, erhalten die für das Chipmodul erforderliche Öffnung während des Spritzvorgangs. Sie werden anschließend einzeln bedruckt. Um die bedruckte Kartenoberfläche zu schützen, kann ein Lack aufgetragen werden.

Soweit für die Karte vorgesehen, werden dann das Hologramm aufgebracht, die Hochprägung bzw. die Laserpersonalisierung durchgeführt und der Magnetstreifen personalisiert.

Integration des Chipmoduls in die Karte

Die Chipmodule werden in die Kartenkörper eingebracht und mit dem Kartenkörper verklebt.

Anschließend werden die Chips personalisiert.

Handelt es sich um Wertkarten, ist der letzte Schritt vor der Verpackung der fertigen Chipkarten das Laden der Werteinheiten in die Chipkarte.

Verpacken der Chipkarten

Chipkarten, für die keine Personalisierung vorgesehen ist, werden einzeln oder in größeren Stückzahlen verpackt.

Die Einzelverpackung wird bei Karten, die im Straßenverkauf verkauft werden, durchgeführt. Straßenverkauf ist in einer Reihe von Ländern üblich. Der Käufer möchte auch bei einer im Straßenverkauf erworbenen Karte sicher sein, daß sie noch unbenutzt ist. Das ist bei einer einzeln verpackten Karte mindestens sehr wahrscheinlich; denn das Wiederverpacken einer Karte auf eine Art und Weise, die einer professionellen Verpackung sehr ähnlich sieht, ist verhältnismäßig aufwendig. Diesen Aufwand scheuen potentielle Betrüger in der Regel.

Werden die Karten über Verkaufsstellen vertrieben, werden sie in größeren Stückzahlen verpackt und einzeln unverpackt an die Kunden verkauft.

6.2   Personalisieren der Karte

In Karten, die anonym benutzt werden wie die Telefonwertkarte, werden keine Benutzer-Daten geladen. Sind die Karten jedoch für ausschließliche Nutzung durch den Karteninhaber bestimmt, ist es erforderlich, Karten-individuelle Daten in den Chip und auf die Karte zu bringen, d. h. die Karte zu personalisieren.

Die Personalisierung der Karte, d. h. das Schreiben von Daten in den Chip, wird von den Kartenherstellern als Dienstleistung durchgeführt. Weil jedoch die Daten dafür vom Systembetreiber zur Verfügung gestellt werden müssen, sind die dafür nötigen Vorarbeiten in das in Bild 6.2 dargestellte Schema einer Personalisierung mit einbezogen.

Bild 6.2:
Die Personalisierung

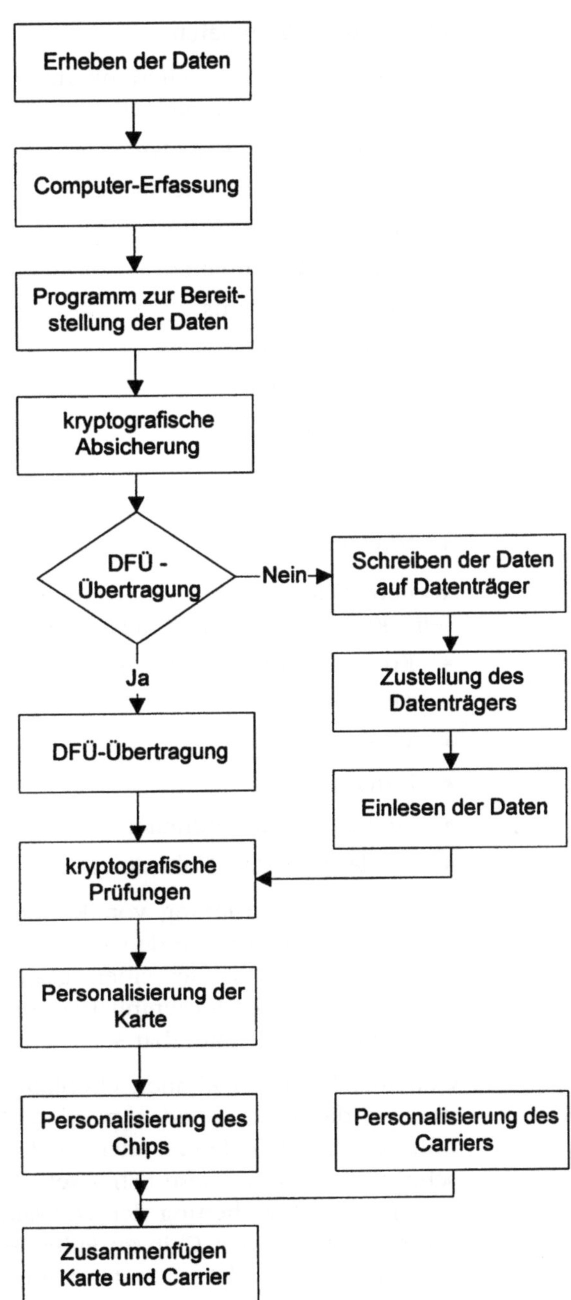

6.2.1   Personalisierungsdaten

Für die Krankenversichertenkarte z. B. wurden die folgenden Daten verbindlich festgelegt:

- Name der Krankenkasse
- Nummer der Krankenkasse
- Nummer der Karte
- Versichertennummer
- Versichertenstatus
- Familienname
- Geburtsdatum
- Postleitzahl
- Ortsname
- Gültig bis
- Prüfsumme

Weitere Daten, die in der Krankenversichertenkarte vorhanden sein können, aber nicht müssen, sind:

- Ergänzungsstatus Ost/West
- Titel
- Vorname
- Namenszusatz
- Straße und Hausnummer
- Ländercode des Wohnsitzes

Bei der Personalisierung von Karten werden Daten, die später nie mehr verändert werden dürfen, durch entsprechende Maßnahmen gegen Überschreiben gesichert. So werden z. B. die Kontonummer des Karteninhabers und seine Bankleitzahl in einer Karte nicht veränderbar sein.

Geheime Schlüssel können ebenfalls während der Personalisierung in die Karte geladen werden. Das können Schlüssel auf unterschiedlichen Stufen der Schlüssel-Hierarchie (siehe Abschnitt 8.4.3) sein. Diese Schlüssel sind also entweder zur kryptografischen Absicherung der Transaktionen oder zur Entschlüsselung später in den Chip zu ladender Schlüssel oder zur Übertragung an andere Systemkomponenten bestimmt. Die Datenspeicher und das entsprechende Programm im Chip werden so konzipiert, daß ein unberechtigtes Auslesen geheimer Schlüssel aus dem Chip nicht möglich ist.

Ist die Karte mit einer frei wählbaren PIN ausgestattet, wird bei der Personalisierung eine Transport-PIN in die Karte geschrieben. So wird sichergestellt, daß nur der rechtmäßige Karteninhaber, dem die Transport-PIN auf einem anderen Wege zugestellt wird als die Karte, die Karte benutzen kann. Sobald der Kartenbenutzer die Karte das erste Mal benutzen will, wird er gezwungen, die PIN in eine von ihm bestimmte PIN zu ändern. Die Transport-PIN ist ungültig, sobald die vom Karteninhaber gewählte PIN in die Karte eingetragen wurde.

6.2.2 Organisatorische und technische Vorbereitungen

Als Vorbereitung für die Personalisierung sind mehrere Arbeitsschritte erforderlich. Es geht jetzt darum, woher die Personalisierungsdaten kommen und wie sie zur Personalisierungsstelle gelangen.

Die Datenformate für die Übermittlung der Daten an die personalisierende Stelle müssen definiert werden.

Wenn sie aus Datenbanken kommen, ist möglicherweise zu definieren, auf welche Weise sie in die Datenbank aufgenommen werden. Auf jeden Fall muß ein Programm realisiert werden, mit dem die Daten aus der Datenbank gelesen werden.

Werden die Daten Antragsformularen entnommen, müssen diese Formulare möglicherweise erst noch entwickelt werden bzw. muß die Bearbeitung der Formulare organisiert werden.

Eine Software, mit der die Daten für die Übermittlung an die personalisierende Stelle bereitgestellt werden, muß realisiert werden.

Außerdem muß festgelegt werden, ob die Daten per Datenträger oder per Datenfernübertragung an die personalisierende Stelle weitergeleitet werden. Sowohl beim Kartenausgeber bzw. der Stelle, die die Personalisierungsdaten bereitstellt, als auch bei der personalisierenden Stelle müssen die entsprechenden technischen Voraussetzungen geschaffen werden.

Zusammen mit den technischen Definitionen muß festgelegt werden, wie die Daten gegen den Zugriff durch Unbefugte bzw. gegen unbefugtes Verändern abzusichern sind. Die dafür erforderlichen kryptografischen Maßnahmen müssen realisiert werden.

Werden im Rahmen des Personalisierungsvorganges auch geheime Schlüssel geladen, müssen Sicherheitsmaßnahmen getroffen werden, damit die Geheimhaltung gewährleistet ist.

6.2.3   Der Personalisierungsvorgang

Im Chip wird, soweit erforderlich, das Betriebssystem komplettiert. Die Anwendungssoftware wird geladen. Dann werden die anwendungsabhängigen Schlüssel und zum Schluß die Karteninhaber-spezifischen Daten eingebracht.

Das Laden der Daten in den Chip und das Aufbringen der Daten auf den Kartenkörper oder evtl. auch auf den Magnetstreifen sind verschiedene technische Prozesse und werden daher in getrennten Arbeitsgängen durchgeführt. Damit die zusammengehörenden Daten in den Chip und auf die Karte gelangen, ist eine genaue Synchronisation dieser Arbeitsgänge erforderlich.

In den meisten Fällen wird die personalisierte Karte dem Karteninhaber zusammen mit einem Schriftstück zugestellt, auf dem die Karte befestigt ist – dem Carrier. Die Karte kann entweder auf den Carrier geklebt oder in Ausstanzungen eingesteckt werden. Da der Carrier in den meisten Fällen ebenfalls individuelle Daten, z. B. Anschrift und Anrede, enthält, ist eine weitere sorgfältige Synchronisation mit den übrigen Personalisierungsvorgängen erforderlich.

6.3   Zustellung an den Karteninhaber

Die Karte muß auf möglichst sichere Weise zum Karteninhaber gelangen, damit kein Schaden entstehen kann, z. B. dadurch, daß jemand anderes als der rechtmäßige Karteninhaber die Karte in die Hände bekommt.

Distribution von Wertkarten

Mit Wertkarten, wie es die vorbezahlten Telefonkarten sind, muß man genau so umgehen wie mit Geld. Einen Schutz vor unbefugter Benutzung gibt es für Wertkarten nicht. Wer sie besitzt, kann sie verwenden. Verliert man sie, sind sie unwiederbringlich fort, als hätte man Bargeld verloren.

Alle Stellen, die an der Distribution von Wertkarten beteiligt sind, werden sie daher ebenso sicher aufbewahren wie Bargeld und darüber ebenso Buch führen wie über ihre Bargeldbestände.

Wertkarten, in Deutschland bisher vor allen Dingen Telefonwertkarten, werden an vielen Stellen verkauft, in Deutschland in Postämtern, an Kiosken und in Schreibwarengeschäften. In anderen Ländern gibt es den Straßenverkauf, der zum großen Teil von Kindern abgewickelt wird.

Distribution von Karten mit PIN

Für Chipkarten, bei denen mit einer PIN gearbeitet wird, entfallen die Schwierigkeiten weitgehend, die es bisher z. B. mit der Zustellung von Kreditkarten gibt.

Kreditkarten werden in zunehmendem Maße auf dem Postwege entwendet, bevor sie beim Karteninhaber ankommen. Da sie für die Karteninhaber-Identifikation mit einer Unterschrift versehen werden müssen, ist ein solcher Diebstahl besonders gewinnversprechend. Der Dieb kann die Karte in seiner Handschrift mit dem Namenszug des Karteninhabers versehen. Außerdem können mit den echten Daten der Karte Duplikate hergestellt und mißbräuchlich eingesetzt werden.

Zur Reduzierung dieser Art der Kartenkriminalität haben die Kartenausgeber umfangreiche Maßnahmen treffen müssen.

Chipkarten werden in den meisten Fällen mit einer PIN ausgestattet sein. Chipkarte und PIN werden dem Karteninhaber auf getrennten Wegen zugestellt. Gerät eine solche Chipkarte in die Hände Unbefugter, werden sie kaum etwas damit anfangen können. Die Transport-PIN, mit deren Kenntnis es möglich wäre, eine selbst gewählte PIN in die Karte zu bringen und die Karte zu benutzen, fällt dem Dieb nicht mit der Karte zusammen in die Hände.

Der Schaden, der entsteht, wenn eine Chipkarte nicht beim Karteninhaber ankommt, beschränkt sich darauf, daß es erforderlich ist, eine neue Karte auszustellen.

6.4   Initialisierung der Karte

Karten, die anonym benutzt werden, wie z. B. die Telefonwertkarte, sind vom Augenblick der Herstellung an verwendbar. Da sie dafür gedacht sind, von jeder beliebigen Person benutzt zu werden, sind keine Maßnahmen erforderlich, die ihre Verwendungsmöglichkeit einschränken.

Für eine Karte, die nur zur Verwendung durch einen bestimmten Benutzer konzipiert ist, können je nach Anwendung und Sicherheitsanforderungen Initialisierungsverfahren vorgesehen werden.

Zur Initialisierungsprozedur kann es gehören, daß die Karte im System als aktives Systemelement registriert wird. Im Rahmen einer On-line-Verbindung werden dann die entsprechenden Kartendaten an das System gemeldet.

Ist eine Initialisierung vorgeschrieben, kann die Karte erst nach der Initialisierung benutzt werden.

Je nach den für die Anwendung definierten Sicherheitsanforderungen kann als Voraussetzung für die Initialisierung eine gegenseitige Authentisierung der Karte mit einer anderen Systemkomponente vorgeschrieben sein.

Diese Systemkomponente könnte ein Endgerät sein, das in der betreffenden Anwendung generell für die Kommunikation mit der Chipkarte eingesetzt wird. Sind die Sicherheitsanforderungen besonders hoch, kann die Initialisierung an einem besonderen Gerät durchgeführt werden, in dem nur Sicherheitsfunktionen realisiert werden.

Die Systemkomponente, die die gegenseitige Authentisierung mit der Chipkarte im Rahmen der Initialisierung durchführt, kann auch ein Sicherheitsmodul sein, mit dem die Chipkarte über Datenfernübertragung kommuniziert. Das Endgerät, das die Chipkarten-Schnittstelle bedient, ist dann für die Anwendung transparent.

Im Chip werden die Kartendaten während des Initialisierungsprozesses so verändert, daß bei späterer Nutzung der Karte erkennbar ist, daß diese Karte zur Benutzung freigegeben ist.

Gebräuchlich sind – je nach Anwendung – eine oder eine Kombination der folgenden Vorgehensweisen.

- Eintragen einer Benutzer-PIN

  Wird die Karte mit einer sogenannten Transport PIN (siehe Abschnitt 8.6.2) ausgeliefert, so kann die Anwendung, für die sie vorgesehen ist, nicht ausgeführt werden, bevor eine vom Kartenbenutzer eingegebene PIN in den Chip eingetragen ist.

- Laden eines geheimen Schlüssels

  Ist es für die Anwendung erforderlich, daß ein geheimer Schlüssel oder mehrere geheime Schlüssel in der Karte verwendet werden, können sie im Rahmen der Initialisierungsprozedur in den Chip geladen werden. Weil ein geheimer Schlüssel niemals unverschlüsselt übertragen werden darf, muß der entsprechende geheime Schlüssel zur Entschlüsselung der während einer Initialisierung übertragenen Schlüssel bereits im Chip vorhanden sein. Ein für die Entschlüsselung von Schlüsseln bestimmter Schlüssel wird während der Personalisierung in den Chip geschrieben.

- Laden eines Geldbetrages

  Wird die Karte als Electronic Purse benutzt, ist es erforderlich, daß ein Geldbetrag in die Karte geladen wird, bevor sie zum Bezahlen eingesetzt werden kann. Dieser Geldbetrag kann geladen werden, wenn er dabei von einem Konto des Karteninhabers abgebucht wird, oder es kann eine Eingabe von Bargeld erforderlich sein, um den entsprechenden Betrag in die Karte zu laden.

- Setzen eines Flag

  Ist die Initialisierungsprozedur erfolgreich abgeschlossen, wird ein entsprechendes Flag gesetzt.

  Ist dieses Flag gesetzt, erkennt die mit der Chipkarte kommunizierende Software, daß eine Initialisierungsprozedur stattgefunden hat.

- Berechtigungen eintragen

  In Chipkarten für den Schutz von Computersystemen gegen den Zugriff durch Unberechtigte müssen die Berechtigungen eingetragen werden, die einem Benutzer erteilt werden. Damit wird gesteuert, auf welche Programme und Daten dieser Benutzer zugreifen darf und ob er sie nur lesen oder auch verändern bzw. löschen darf.

6.5 Aktualisierung von Kartendaten

Während der Kartenbenutzer die Karte in Gebrauch hat, kann es erforderlich sein, daß die im Chip gespeicherten Daten geändert werden. Welche Daten im Chip verändert und von welcher Stelle Änderungen durchgeführt werden dürfen, hängt von der Anwendung ab, für die die Karte konzipiert ist. Die Software im Chip muß so ausgelegt sein, daß eine Veränderung der Kartendaten durch Unbefugte verhindert wird.

Ein Beispiel für eine Anwendung, in der die Kartendaten gar nicht verändert werden dürfen, ist die Krankenversichertenkarte. Sie wird in Arztpraxen und Krankenhäusern verarbeitet. Verantwortlich für die Kartendaten sind die Krankenkassen, die jedoch keine Systeme betreiben, mit denen die Daten in der Karte verändert werden können. So bleiben die Daten in der Krankenversichertenkarte während der Lebensdauer der Karte unverändert. Ist eine Datenänderung, z. B. wegen eines Umzugs des Versicherten, erforderlich, wird eine neue Karte ausgestellt.

Bei der Telefonwertkarte werden während des Telefongesprächs Einheiten von der Karte abgebucht. Die Bereiche im Chip, die die gespeicherten Einheiten darstellen, werden sozusagen unbrauchbar gemacht. Die eingesetzte EEPROM-Technik bietet theoretisch die Möglichkeit, die Karte wieder neu zu laden. Bei der Telefonwertkarte sind jedoch technische Vorkehrungen getroffen, die ein Aufladen der Karte nach dem Herstellungsprozeß verhindern.

Bei anderen Karten, z. B. Zahlungskarten, werden verschiedene Daten bei jeder Transaktion verändert:

- Reduzierung des Wochenlimits

  (z. B. bei der österreichischen eurocheque-Chipkarte)

- Reduzierung des geladenen Geldbetrages

  (bei einer Telefonwertkarte oder bei einer Electronic Purse)

- Eintragen der aktuellen Transaktionsdaten in den Transaktionsspeicher

  (Z. B. bei der deutschen und bei der österreichischen eurocheque-Chipkarte. In der deutschen bleiben jeweils die letzten 15, in der österreichischen jeweils die letzten 8 Transaktionen gespeichert.)

- Laden von Bordkarten-Daten in die Karte

  (bei der ChipCard der Deutschen Lufthansa)

Andere Daten werden je nach Erfordernis geändert, entweder ausgelöst durch den Verlauf einer Transaktion oder durch Eingaben, die der Kartenbenutzer veranlaßt:

- PIN

  Gehört eine frei wählbare PIN zum Konzept der Karte, kann der Karteninhaber seine PIN jederzeit ändern. Um sicher zu sein, daß beim Eingeben der neuen PIN kein unbemerkter Eingabefehler auftritt, sollte das folgende Vorgehen vorgesehen werden:

  1. Eingeben der gültigen PIN

  2. Eingeben der neuen PIN

  3. Nochmaliges Eingeben der neuen PIN

  Nur wenn die neue PIN beide Male identisch eingegeben wurde, wird sie gespeichert.

  Wird eine neue PIN eingegeben, wird der PIN-Zähler initialisiert, d. h. auf den Ausgangswert gesetzt, der 0 Fehlversuchen entspricht.

- PIN-Zähler

  Der PIN-Zähler wird jedesmal verändert, wenn eine falsche PIN eingegeben wird. Wird in aufeinander folgenden Versuchen die maximale Anzahl von zulässigen Fehlversuchen erreicht, ist die Karte ungültig.

  Wenn nach Fehlversuchen, bevor die maximal zulässige Anzahl von Fehlversuchen erreicht ist, die richtige PIN eingegeben wird, wird der PIN-Zähler auf den Ausgangswert zurückgesetzt.

- Laden eines neuen Geldbetrages

  Entweder wird dieser Betrag von einem laufenden Konto abgebucht, oder er wird nach einer Bargeldeingabe in die Karte geschrieben.

- Berechtigungen ändern

  In Chipkarten für den Schutz von Computersystemen gegen den Zugriff durch Unberechtigte sind die Berechtigungen eines Karteninhabers in seine Karte eingetragen. Sollen dem Karteninhaber weitere Berechtigungen erteilt oder bestehende Berechtigungen eingeschränkt werden, müssen die entsprechenden Eintragungen in der Karte geändert werden.

6.6   Sperren der Karte

Mit dem Sperren von Karten soll verhindert werden, daß Karten unrechtmäßig benutzt werden. Karten, die der Karteninhaber als verloren oder gestohlen meldet, werden gesperrt. Der Kartenemittent kann aber auch dann Kartensperren veranlassen, wenn er berechtigt ist, den Kartenvertrag aus wichtigem Grund zu kündigen.

Beim Sperren von Karten wird die Kartennummer entweder in eine gesonderte Sperrdatei eingetragen, oder die Daten der zu sperrenden Karte werden mit einem entsprechenden Eintrag in der Kartendatei versehen.

Wichtig ist, die Kartensperren unverzüglich durchzuführen; denn von dem Augenblick an, in dem der Karteninhaber den Verlust oder Diebstahl meldet, haftet der Kartenausgeber ganz oder teilweise für Schäden, die aufgrund der mißbräuchlichen Benutzung der Karte entstehen (siehe Abschnitt 9.4).

6.7   Ersetzen der Karte

Karten, deren Gültigkeit zu Ende geht, müssen durch neue ersetzt werden. Das betrifft turnusmäßig einen großen Teil der ausgegebenen Karten. Die Vorbereitungen für diese Austauschaktionen betreffen – bis auf die Festlegung der Kartennummer und die eventuelle Generierung einer PIN – dieselben Arbeitsgänge wie sie für die Ausgabe von neuen Karten erforderlich sind.

Außerhalb der turnusmäßigen Austauschaktionen müssen Karten, die vom Karteninhaber als verloren oder gestohlen gemeldet wurden, ersetzt werden. Die Karteninhaber wollen auf solche Ersatzkarten möglichst nicht warten. Für die Kartenhersteller ist es auf der anderen Seite schwierig, die kurzfristige Herstellung solcher Kleinauflagen zu garantieren.

6.8   Rückgabe der Karte

Was mit einer Karte zu tun ist, wenn sie nicht mehr rechtmäßig benutzt werden kann, muß vom Kartenausgeber festgelegt werden.

Die Regelungen, die es bisher zu dieser Frage gibt, sind nicht einheitlich. Z. B. behalten sich die Banken in den eurocheque-Karten- und den EUROCARD-Bedingungen vor, die Karte einzuziehen, wenn die Nutzungsberechtigung durch Ablauf der Gültigkeit oder durch ordentliche Kündigung endet.

Banken verlangen die Rückgabe der eurocheque-Karte in bestimmten Fällen und machen den Kontoinhaber dafür verantwortlich, daß die Karte zurückgegeben wird.

In den EUROCARD-Ratschlägen zur Verwendung der Karte, die in einer EUROCARD-Broschüre abgedruckt sind, werden die Karteninhaber jedoch aufgefordert „Bitte zerschneiden Sie Ihre alte Karte." Das ist gemeint für den Fall, daß vor Ablauf der Gültigkeit der Karte die neue beim Karteninhaber eintrifft.

Da das Recycling von Kunststoffmaterialien in Zukunft als immer wichtiger angesehen wird, wird man die Karteninhaber künftig wahrscheinlich auffordern, abgelaufene Karten zurückzugeben.

6.9   Recycling des Kartenmaterials

Besonders in Deutschland werden die Fragen des Umweltschutzes von den Verbrauchern wichtig genommen. Daher werden die Diskussionen über die Wiederverwendbarkeit von Kartenmaterialien besonders in Deutschland geführt.

Die für die Herstellung von Chipkarten verwendeten Plastikmaterialien sind generell alle recyclingfähig.

Chipkarten bestehen jedoch nicht nur aus Plastik, sondern aus verschiedenen Materialien:

* Plastik

  Chipkarten werden zum größten Teil aus PVC hergestellt; aber auch Polycarbonat, ABS, amorpher Polyester und in geringeren Mengen auch andere Materialien werden für die Kartenherstellung verwendet. Im Laminierverfahren hergestellte Karten bestehen teilweise aus verschiedenen Kunststoffmaterialien. Den Kunststoffen sind zur Erzielung der gewünschten Eigenschaften unter Umständen Chemikalien wie Weichmacher, Stabilisatoren etc. beigemischt.

* Metall

  - *Nickel* wird als Kontaktträger des Chipmoduls eingesetzt.

  - Aus *Gold* bestehen die Oberfläche der Kontakte und die Drahtverbindungen zwischen Kontaktfläche und Chip.

  - Für die Herstellung von Hologrammen, die auf Karten angebracht werden können, wird *Aluminium* verwendet.

* Silizium

  Der Chip ist aus Silizium hergestellt.

* Epoxidharz

  Als Modul-Vergußmasse und für die Chipverklebung wird Epoxidharz eingesetzt.

* Ferromagnetische Partikel

  Sie sind Bestandteil des Magnetstreifens.

* Druckfarben

* Schutzlacke

Um das Kartenmaterial wiederverwenden zu können, müssen die Chipmodule aus den Karten ausgestanzt werden. Das Plastikmaterial und die Edelmetalle werden verwertet. Die übrigen Bestandteile der Karten gehen in das wiederzuverwendende Plastikmaterial ein.

Damit das Plastikmaterial recycelt werden kann, muß es sortenrein sein. Daher ist die Wiederverwendung des Materials von Karten, die aus verschiedenen Plastikmaterialien bestehen, problematisch.

Wenn die Kartenkörper, aus denen vorher die Chipmodule entfernt wurden, im Recycling-Betrieb eintreffen, werden sie auf Sortenreinheit geprüft und gegebenenfalls sortiert. Dann werden sie zermahlen. Anschließend wird das Metall abgeschieden.

Das zermahlene Plastikmaterial wird in der Extrusionsanlage geschmolzen und wieder geformt.

Der Recycling-Betrieb liefert das bearbeitete Plastikmaterial entweder in Form von Profilteilen aus, z. B. als Sockelleisten für Fußböden, Kabelabdeckungen für Elektro- und Telefonkabel oder Blenden für Gebäudewände und Fenster, oder als Granulat für die Weiterverwendung in Spritzgußbetrieben.

Problematisch sind die recht hohen Logistikkosten für die Sammlung, die Verpackung und den Transport des zu recycelnden Materials.

Dem Kartenmaterial, das bei den Recycling-Betrieben angeliefert wird, liegen recht häufig Fremdkörper wie Büroklammern, Kugelschreiber und Papier bei. Die Recycling-Betriebe behalten sich deshalb meistens vor, solche verunreinigten Materialien an den Absender zurückzuschicken.

7 Systemdesign

Wenn die zuständigen Entscheidungsgremien, wie Geschäftsführer oder Vorstände und deren Berater, die Chipkartenstrategie festgelegt haben, ist es die Aufgabe technischer Spezialisten, das System zu entwerfen. Schon in der Planungsphase (siehe Abschnitt 5.1) werden Management und Systemspezialisten zusammenarbeiten. Dadurch wird die technische Umsetzung der strategischen Vorgaben erleichtert.

Ein Chipkartensystem besteht aus Rechnernetzen, Endgeräten und Chipkarten und einem organisatorischen Umfeld. Im Rahmen des Systemdesigns wird festgelegt, welche Funktionen in welchen Systemkomponenten ablaufen sollen und welche Anforderungen die einzelnen Komponenten erfüllen müssen. Damit das Zusammenspiel der Komponenten gewährleistet ist, müssen organisatorische Maßnahmen getroffen und beschrieben werden.

Die folgenden Abbildungen zeigen Beispiele für Chipkarten-Systeme.

Das Beispiel in Bild 7.1 zeigt ein Chipkartensystem, bei dem Chipkartenterminals sowohl direkt mit dem Zentralrechner kommunizieren als auch von mit dem Zentralrechner verbundenen Netzrechnern oder Konzentratoren gesteuert werden.

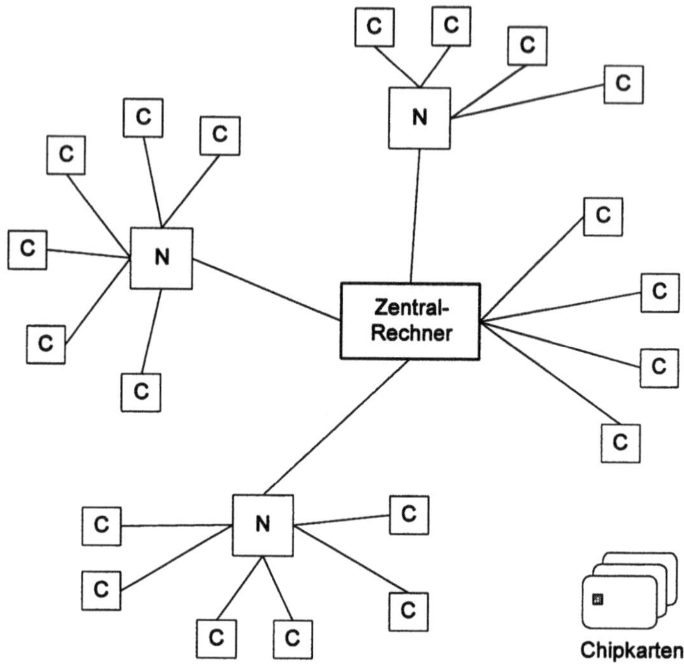

Bild 7.2 zeigt ein Zutrittskontrollsystem mit Chipkarten. Die Chipkartenterminals sind mit einem Rechner verbunden, in dem Daten gehalten werden über die Personen, denen Zutritt gewährt werden soll. Die erforderlichen Identifikationsprüfungen können in der Chipkarte durchgeführt werden. Wenn einem bisher Berechtigten das Zutrittsrecht entzogen wird, er aber weiterhin im Besitz der gültigen Karte ist, kann über die Daten im Rechner die Verweigerung des Zutritts erreicht werden. Das erfordert eine Kommunikation mit dem Zentralrechner bei jeder Berechtigungsprüfung. Eine andere Möglichkeit wäre, die Daten der Personen, denen der Zutritt verweigert werden soll, jeweils aktuell in die Chipkartenterminals zu laden. Welche dieser beiden Lösungen auch gewählt wird, die Endgeräte müssen in jedem Fall über eine Verbindung zum Zentralrechner verfügen.

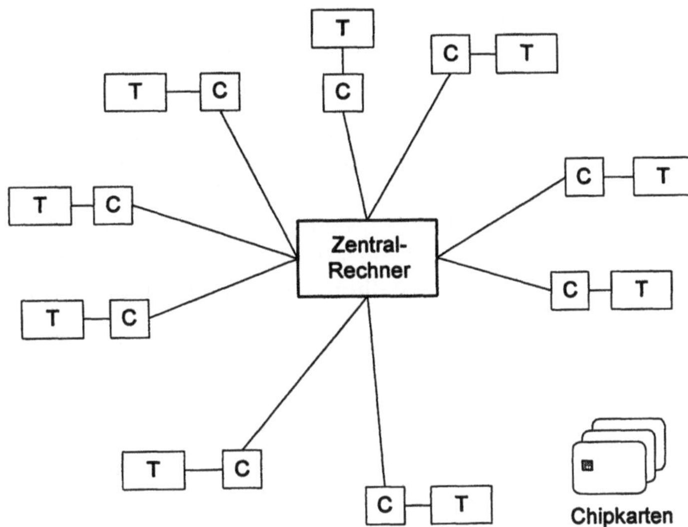

Bild 7.2
Beispiel für ein
Zutrittskontrollsystem
mit Chipkarten

Alle in Bild 7.1 und 7.2 dargestellten Symbole stellen Hard- und Software-Komponenten dar. Die beiden Beispiele sollen einen Eindruck von den verschiedenen Komponenten geben, aus denen ein Chipkartensystem bestehen kann.

Ein besonderer Fall sind Computer-Zugriffsschutzsysteme. Wenn Chipkarten benutzt werden, um ein Computersystem vor dem Zugriff durch Unberechtigte zu schützen, werden die Berechtigungen der Benutzer nicht im Rechner-Betriebssystem registriert und geprüft, sondern in der Chipkarte. Das erfordert Eingriffe in das Betriebssystem, die in der Regel nur in Kooperation mit dem Computer-Hersteller durchgeführt werden können.

7.1 Datenbanken

In Chipkartensystemen werden eine Reihe von Daten benötigt, die innerhalb des Systems gespeichert sein müssen und auf die während der Anwendung und während der Nachbearbeitung von Chipkartentransaktionen zugegriffen wird.

Diese Daten betreffen vor allen Dingen Stammdaten, d. h. Informationen über den Karteninhaber wie Name, Anschrift, Kartennummer, Gültigkeitsdauer der Karte und Daten über ihren Status. Ob diese Daten zentral auf einem Rechner oder in einer verteilten Datenbank gehalten werden, hängt von den Anforderungen der Anwendung ab.

Wenn die für das Chipkartensystem benötigten Daten auch bisher schon in Computersystemen geführt werden, muß geprüft werden, ob die neuen Erfordernisse mit den vorhandenen Systemen erfüllt werden können. Durch die Einführung des Chipkartensystems ändern sich die Anforderungen an die Kapazität und die Zugriffszeiten möglicherweise so grundlegend, daß eine Umstellung der Datenbank erforderlich wird.

In den meisten Chipkartensystemen ist der Ablauf der Transaktionen zeitkritisch. In Massensystemen, in denen die Chipkarte andere Zahlungsmittel ersetzt oder Zugang zu Dienstleistungen ermöglicht, werden Wartezeiten nicht in Kauf genommen. Deshalb kann die ständige Funktionsfähigkeit aller Systemkomponenten ein sehr wichtiges Kriterium für die Akzeptanz sein. Um die ständige Zugriffsmöglichkeit auf die erforderlichen Daten sicherzustellen, kann es sinnvoll sein, entsprechende Informationen an mehreren Stellen bereitzuhalten. Ist die Erreichbarkeit einer speichernden Stelle vorübergehend gestört, kann dann vom Chipkartenterminal aus auf einen Backup-Rechner zugegriffen werden, auf dem Daten vorhanden sind, die die sofortige Bearbeitung der Transaktion möglich machen.

In dem in Bild 7.3 dargestellten Beispiel ist der Rechner 1 der Backup-Rechner für die Rechner 2 und 3 und der Rechner 2 der Backup-Rechner für den Rechner 1. Die Endgeräte, in denen die Chipkarte verarbeitet wird, sind hier nicht mit abgebildet.

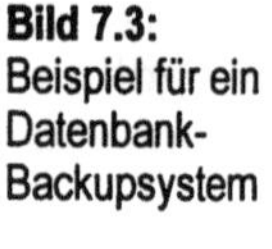

Bild 7.3:
Beispiel für ein
Datenbank-
Backupsystem

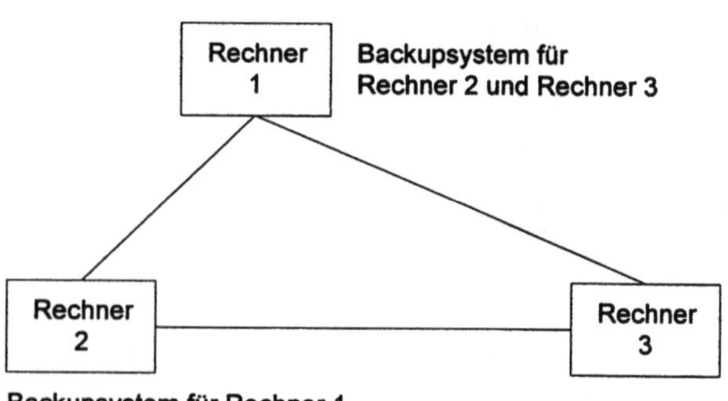

7.2 Spezial-Software

Zur Verarbeitung der Chipkarten-Transaktionen und für ihre Nachbearbeitung ist Software zu erstellen. Für eine Reihe von Anwendungen, besonders im Bereich des Zahlungsverkehrs, gibt es Standardpakete, die den Anforderungen des Systembetreibers angepaßt werden können.

In diesem Kapitel wird Software behandelt, die in den Rechnersystemen abläuft. Software zur technischen Steuerung des Systems wird hier nicht betrachtet.

Als Beispiele für Software in Chipkartensystemen sind die folgenden Anwendungsbereiche genannt:

Datenerfassung und -pflege für Stammdaten

Die Informationen über den Karteninhaber sind möglicherweise – wie im Fall der Krankenversichertenkarte – bereits vorhanden und müssen durch die für das Chipkartensystem erforderlichen Daten nur noch ergänzt werden. In anderen Fällen und für neue Karteninhaber werden sie auf dafür entwickelten Formularen angegeben und müssen in das EDV-System übernommen werden.

Bonitätsprüfungsprogramme

Werden Chipkarten als Debit- oder Kreditkarten eingesetzt, müssen Informationen über die Bonität des Kunden geführt werden. Aufgrund dieser Daten wird der Verfügungsrahmen, der im Chip vermerkt ist, bei Bedarf aktualisiert.

Clearing-Programme

Mit diesen Programmen werden die Daten nach Banken sortiert. Für jede Bank werden die Gutschriften und Lastschriften, die für sie vorliegen, ermittelt. Der Saldo, der für die einzelne Bank errechnet wird, wird ausgeglichen. Der Saldenausgleich wird als Settlement bezeichnet.

Programme zur Abrechnung der Leistungen

Bei Zahlungskarten, sowohl bei Debit- als auch bei Kreditkarten, findet der eigentliche Geldfluß erst in dem Augenblick statt, in dem eine Gutschrift auf dem Gläubiger-Konto bzw. eine Abbuchung auf dem Schuldner-Konto vorgenommen wird. Die Daten der Chipkarten-Transaktionen sind die Basis für diese Gutschriften und Abbuchungen. Bei bestehenden Kredit- und Debitkartensystemen, für die Chipkarten eingeführt werden, werden die bestehenden Programme weiterverwendet werden können.

Verrechnung der Gebühren zwischen den Systemteilnehmern

Wird ein Chipkartensystem von verschiedenen Institutionen gemeinsam betrieben, bzw. nehmen verschiedene Systempartner an dem System teil, werden

- einerseits die Kosten für den Systembetrieb von den Systempartnern anteilig bezahlt,

  und

- andererseits erbringt jeder Systempartner seine Systemleistungen gegen entsprechende Kostenerstattung.

Für diese Kostenverteilung wird ein Gebührensystem festgelegt.

PIN- Generierung

Ist für eine Kartenfunktion die PIN-Eingabe erforderlich, so müssen die entsprechenden PINs generiert und bei der Personalisierung in den Chip geschrieben werden. Die PIN-Generierung wird entweder vom Kartenausgeber oder von der Firma, die die Personalisierung durchführt, vorgenommen.

Personalisierungsprogramme

Die Personalisierung der Chipkarten wird in den meisten Fällen von den Herstellern der Karten übernommen. Für die Personalisierung der Karten sind Spezialprogramme erforderlich, damit die erforderlichen Daten in den Chip geschrieben werden können. Wie die Daten dafür vom Systembetreiber bereitgestellt werden, muß vereinbart werden.

Statistikprogramme

Für jedes System sind zur Information des Managements und für seine Steuerung und strategische Fortentwicklung die Ermittlung statistischer Daten erforderlich. Diese Daten können z. B. enthalten:

- die Anzahl der Transaktionen pro Zeiteinheit
- die Anzahl der Transaktionen pro Terminal
- die Anzahl der Transaktionen pro Karte
- den durchschnittlichen Betrag pro Transaktion
  (bei Zahlungskarten)
- die durchschnittliche Anzahl von PIN-Fehlversuchen
- die Anzahl von Fahrten je Tarifbereich
  (bei Chipkarten als Fahrkarten für öffentliche Verkehrsmittel)

- die Entwicklung der Anzahl von Kartensperren

Kryptografische Spezialsysteme

Je nach den Anforderungen des Sicherheitskonzepts können verschiedene kryptografische Behandlungen der Daten und kryptografische Prüfungen erforderlich sein. Für kryptografische Programme ist eine sichere Hardware erforderlich, die gegen das Ausspähen geheimer Schlüssel abgesichert ist.

7.3   Chipkarten-Funktionen

Chipkarten können die verschiedensten Funktionen oder Kombinationen von Funktionen haben. Bei den Chipkarten, die bisher im Praxiseinsatz sind, sind das vor allen Dingen die folgenden Anwendungsfunktionen.

Speichern von Daten

Chipkarten können ausschließlich als Datenspeicher verwendet werden, in denen Personendaten gespeichert sind, wie es z. B. bei Krankenversichertenkarten der Fall ist. Es kann jedoch auch jede andere Art von digitalisierter Information in Chipkarten gespeichert sein, z. B. Fotos. Mit Hilfe entsprechender Geräte können diese Informationen wieder umgewandelt und als Bild sichtbar gemacht werden.

Berechtigungsprüfungen

In der Chipkarte können Identitätsprüfungen wie PIN- und Password-prüfungen und die Prüfung biometrischer Merkmale durchgeführt werden. Im Rahmen dieser Prüfungen werden die in der Chipkarte als zulässig gespeicherten Werte mit den aktuell eingegebenen bzw. ermittelten Werten verglichen.

Auch das kryptografische Verfahren der gegenseitigen Authentisierung von Systemkomponenten (siehe Abschnitt 8.4.1) kann in der Chipkarte ablaufen.

Initialisierung der Karte

In manchen Chipkartensystemen ist es vorgesehen, daß die Karte erst nach einer Initialisierungsprozedur funktionsfähig ist (siehe Abschnitt 6.4).

Aktualisieren von Daten

Die in Chipkarten gespeicherten Daten können mit Hilfe von Chipkartengeräten nicht nur gelesen, sondern auch aktualisiert werden, es sei denn, das Überschreiben ist aus Sicherheits- oder organisatorischen Gründen chipintern verhindert. Welche Änderungen von Chipdaten anwendungsbedingt durchgeführt werden, ist in Abschnitt 6.5 beschrieben.

Abbuchen vorbezahlter Beträge

Bei Telefonwertkarten ist vorgesehen, die in die Karte geladenen Beträge entsprechend den verbrauchten Tarifeinheiten abzubuchen. In der Karte wird mit Software das Verfahren des Durchbrennens einer Sicherung nachgebildet. Jede verbrauchte Einheit wird so – ebenso wie eine durchgebrannte Sicherung – dauerhaft unbrauchbar gemacht.

Electronic Purse-Funktion

Nach Abbuchung von einem Girokonto oder Barzahlung wird ein Betrag in die Chipkarte geladen und den getätigten Einkäufen entsprechend aus der Karte abgebucht. Ist der Betrag verbraucht, kann ein neuer Betrag geladen werden.

Verwaltung von Verfügungsbeträgen bei Zahlungskarten

Bei Kredit- oder Debit-Chipkarten wird ein der Bonität des Karteninhabers entsprechender Verfügungsrahmen in der Chipkarte vermerkt. Ist dieser Verfügungsrahmen verbraucht, wird eine On-line-Transaktion ausgelöst und der Verfügungsrahmen entsprechend den Daten der On-line-Antwort wieder heraufgesetzt.

Ticketfunktion

In der Chipkarte können die Informationen eines Fahrscheins für ein öffentliches Verkehrsmittel oder eines Flugtickets gespeichert werden. Der Zugang zu dem entsprechenden Verkehrsmittel wird freigegeben, nachdem in einem entsprechenden Endgerät eine erfolgreiche Prüfung der Ticketdaten durchgeführt wurde.

Kryptografische Funktionen

In der Chipkarte können kryptografische Schlüssel sicher gespeichert werden und kryptografische Funktionen, wie Verschlüsseln und Entschlüsseln von Daten, Erzeugen und Prüfen elektronischer Unterschriften und Authentisierungsverfahren, ausgeführt werden.

7.4   Endgeräte

Da die Chipkarte ohne Verbindung zu anderen Systemen, mindestens aber zu einem Endgerät, keine Funktion hat, ist das Endgerät ein wichtiger Bestandteil des Chipkartensystems. Wie es ausgelegt sein muß, hängt von der Anwendung ab, für die es konzipiert ist. Es kann ein sehr einfaches Gerät sein, das lediglich die Kommunikationsverbindung zur Chipkarte herstellt und die Daten an ein anderes System weiterleitet. Ist es zur Bearbeitung von Transaktionen in einem System vorgesehen, das besonderen Sicherheitsanforderungen unterliegt, muß es besondere Bauartbestimmungen erfüllen. Das können Vorschriften sein, die die Geheimhaltung eingegebener PINs oder die sichere Speicherung geheimer kryptografischer Schlüssel sicherstellen sollen. Gibt es solche Sicherheitsbestimmungen für Endgeräte, wird für die Endgeräte eine Art Bauartprüfung durch eine neutrale Instanz vorgeschrieben, die prüft, ob die entsprechenden Vorschriften eingehalten sind.

Integrierte Chipkartengeräte

Ist das Chipkartengerät an andere technische Geräte angeschlossen, wie z. B. ein Zahlungsterminal an eine Kasse, oder in andere Geräte integriert, z. B. in Geldautomaten, Fahrkartenautomaten oder Verkaufsautomaten, so sind Hardware- und Software-Schnittstellen vorhanden, für die es kaum Normen gibt.

Ist das Chipkartengerät in ein im Freien betriebenes Gerät integriert, so sind klimagerechte Bauteile bzw. Schutzmaßnahmen gegen Kälte, Hitze und Feuchtigkeit erforderlich. Diebstahlsicherungen und Maßnahmen, um Vandalismusschäden gering zu halten, können je nach Standort geboten sein. Wie das Beispiel der Telefonkarten zeigt, ist allerdings der Einsatz von Chipkarten anstatt Bargeld ein sehr guter Schutz vor Vandalismus.

Benutzerfreundlichkeit

Die Geräte sollten für jeden Benutzer einfach zu bedienen sein. Piktogramme sind hilfreich, damit auf einen Blick zu erkennen ist, an welchem Platz die Karte in das Gerät zu stecken ist und in welcher Richtung sie eingesteckt werden muß. Benutzer-Hinweise, die in einem Display angezeigt werden, sollen dem Benutzer helfen, das Gerät richtig zu bedienen.

Bauart des Chipkartenlesers

Durch die Kartenarten, die in einem Endgerät verarbeitet werden, wird die Bauart des Lesers bestimmt. Während der Chipverarbeitung ist die Karte in einer arretierten Position. Von Magnetstreifen werden dagegen Daten gelesen bzw. darauf geschrieben, während die Karte am Lesekopf vorbeigeführt oder während der Lesekopf über den Magnetstreifen geführt wird.

Werden an einem Endgerät, an dem Chipkarten verarbeitet werden, auch Magnetstreifenkarten oder Hybridkarten eingesetzt, müssen die Abläufe so konzipiert sein, daß eindeutig ist, welches Medium verarbeitet wird.

Verriegelung der Karte

Während der gesamten Transaktion muß die Kommunikation mit der Chipkarte bestehen bleiben. Würde die Kommunikation mit der Chipkarte vor dem Ende der Transaktion unterbrochen, wäre es nicht möglich, die Daten im Chip entsprechend der Transaktion zu verändern. So würden sich Inkonsistenzen ergeben, die je nach Situation zum Nachteil des Karteninhabers oder des Systembetreibers sein könnten. Im schlechtesten Fall könnte die Chipkarte unbrauchbar werden.

Eine Möglichkeit, solche Inkonsistenzen zu vermeiden, ist die Verriegelung der Karte im Gerät. Eine Kontrollampe sollte anzeigen, daß die Transaktion andauert und die Verriegelung der Karte noch besteht. Nach dem Ende der Transaktion sollte die Karte ausgeworfen werden. Für den Fall eines Fehlers bei der Entriegelung muß die Möglichkeit bestehen, die Entriegelung nach dem Ende der Transaktion gezielt auszulösen, damit die Karte entnommen werden kann.

Für kontaktlose Chipkarten wird diese Inkonsistenzproblematik auf besondere Art und Weise gelöst, siehe Abschnitt 4.3.2. Ähnliche Verfahren werden auch bei Chipkarten mit Kontakten zur Lösung der Inkonsistenzproblematik eingesetzt.

Schnittstellen zur Karte

Im Gerät wird die Chipkarte kontaktiert. Die Kontaktiereinheit des Geräts muß derselben Norm entsprechen wie die Kontakte der Chipkarte. Auch die Kommunikationsschnittstelle muß der der Chipkarte (siehe Abschnitt 4.3.2) entsprechen.

Für die Anwendungsschnittstelle gibt es keine Normen. Sie muß für jede neue Chipkarten-Anwendung definiert werden.

Schnittstellen zum Netz

Die Endgeräte sind über Leitungen mit dem Netz verbunden. Häufig wird es sich dabei um Wählleitungen handeln. Die Geräte bauen nur dann eine Wählverbindung auf zu dem Rechner, mit dem sie verbunden sind, wenn eine Transaktion durchgeführt werden soll. Die Kommunikationsleitungen aufrechtzuerhalten, wenn keine Kommunikation stattfindet, ist meistens aus Kostengründen nicht sinnvoll. Befindet sich der Rechner, mit dem Endgeräte verbunden sind, auf demselben Grundstück wie die Endgeräte, werden permanente Kommunikationsverbindungen gewählt werden. Für solche privaten Leitungsverbindungen, die auf einem Grundstück befindliche Geräte verbinden, ist kein öffentlicher Telekomdienst zuständig, so daß keine Übertragungsgebühren anfallen.

Für die Endgeräte müssen vom Systembetreiber die Übertragungsart und die Übertragungsprotokolle festgelegt werden. Für Endgeräte, mit denen Zahlungsverkehrsanwendungen abgewickelt werden, wird häufig das für Zahlungsverkehrsnachrichten auf Anwendungsebene vorgesehene Nachrichtenformat der Norm ISO 8583 verwendet.

Sicherheitsniveau

Die Sicherheitsstandards von Endgeräten müssen entsprechend dem Sicherheitskonzept des Chipkartensystems, in dem sie verwendet werden, definiert werden. Werden PINs in das Endgerät eingegeben bzw. geheime Schlüssel im Endgerät verwendet, müssen sie gegen Ausforschen und Manipulation geschützt sein.

Beim Einsatz von Chipkarten geht es vielfach um Zahlungsvorgänge, um den Zugang zu Systemen, deren Nutzung gebührenpflichtig ist oder um den Zugang zu Sicherheitsbereichen, der restriktiv gehandhabt wird. Die Sicherheitsauflagen dafür sind besonders hoch. Deshalb ist in den meisten Fällen eine Zertifizierung der Systemkomponenten durch unabhängige Sicherheitssachverständige erforderlich. Im Rahmen solcher Zertifizierungsverfahren werden Bauart- und Funktionsprüfungen durchgeführt. Mit diesen Zertifizierungsverfahren soll sichergestellt werden, daß die angestrebte Manipulationssicherheit gewährleistet ist.

Software-Änderungen

Um Endgeräte möglichst lange nutzen zu können, sollten sie auf Software-Änderungen vorbereitet sein. Für die Änderung von Software kommen verschiedene Vorgehensweisen in Frage.

Neue Software kann

- über die Datenleitung, über die das Gerät mit dem Systemnetz verbunden ist, in das Gerät geladen werden

- durch den Austausch eines steckbaren Moduls in das Gerät gebracht werden

- von einer Chipkarte in das Gerät geladen werden

Schutz vor unberechtigtem Einspielen von Software wird mit kryptografischen Maßnahmen erreicht.

7.5   Übertragungsnetze

Mit Chipkarten können auch Off-line-Transaktionen durchgeführt werden, d. h. es ist nicht in jedem Fall eine Verbindung zu einem Rechnernetz erforderlich, wenn eine Chipkarte bearbeitet wird. Die Endgeräte sind aber in den meisten Fällen an ein Netz angeschlossen, um bei Bedarf Daten vom Endgerät oder an das Endgerät übertragen zu können.

Die Möglichkeit der Kommunikation zwischen dem Endgerät und einem oder mehreren Rechnern wird zum Beispiel benötigt für

- gelegentliche real time On-line-Nachrichten, z. B. für den Fall, daß der aktuelle Transaktionsbetrag den in der Karte gespeicherten Verfügungsbetrag überschreitet

- Übertragung der im Endgerät gespeicherten Transaktionsdaten an einen Rechner

- Statusabfragen des Endgeräts im Rahmen der Netzüberwachung

- Laden von aktuellen Programmversionen in das Endgerät

Fälle, in denen die in den Geräten gespeicherten Transaktionsdaten nicht über ein Netz, sondern über portable Terminals oder über Chipkarten an die Verrechnungsstelle übermittelt werden, gibt es beispielsweise in Anwendungen für öffentliche Verkehrsmittel und in dem österreichischen Electronic Purse System.

Die Strukturen der Netze, in denen Chipkarten eingesetzt werden, sind so unterschiedlich voneinander wie die Funktionen von Chipkarten.

Die Netzstruktur wird für Chipkarten-Systeme entsprechend den Anforderungen der System-Funktionen konzipiert werden. Ausschlaggebend für die Festlegung der Netzstruktur sind Fragen wie:

- Wird das Netz zentral oder dezentral gesteuert?

- Wie viele Komponenten bzw. Chipkartenterminals werden in das System eingebunden?

- Wie häufig sind On-line-Transaktionen?

- Wird eine Initialisierung neuer Netzkomponenten durchgeführt?
- Ist ein Software Download vorgesehen?

Bild 7.4:
Zentrales Netz.
Beispiel Banken-
Abrechnungssystem

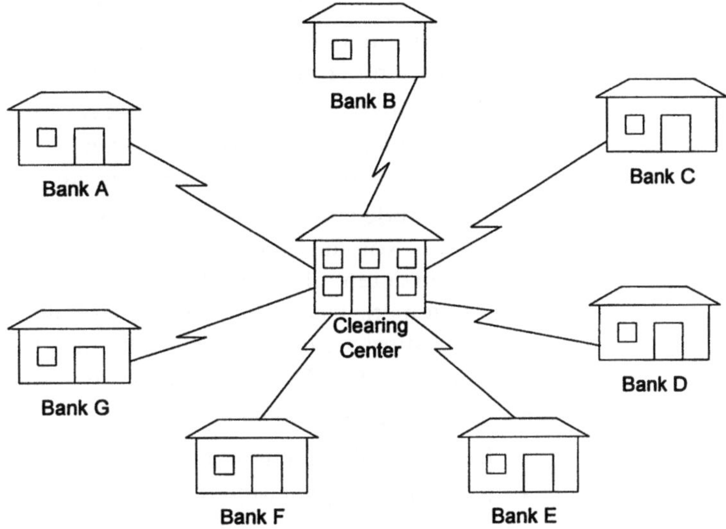

Bild 7.4 zeigt als Beispiel für ein zentrales Netz ein Banken-Abrechnungssystem. Die Banken senden Zahlungsdaten an das Clearing-Center, das die Beträge saldiert, den Banken die Salden meldet und die Salden ausgleicht.

Bild 7.5:
Dezentrales Netz.
Beispiel electronic cash
Autorisierung

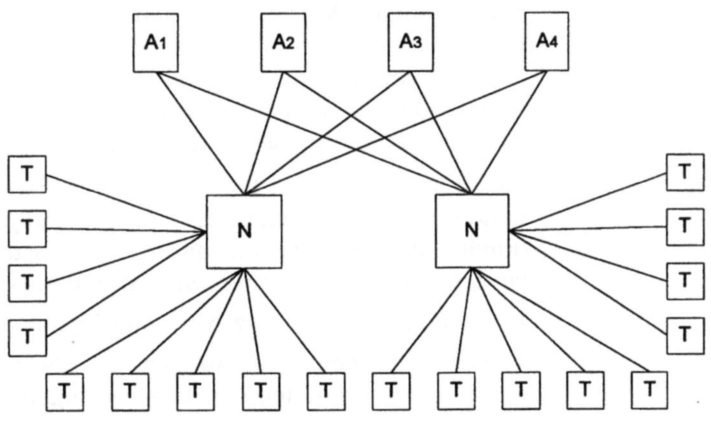

In Bild 7.5 auf der vorigen Seite ist das dezentrale eurocheque-Autorisierungssystem dargestellt. Die Terminals sind mit Netzrechnern verbunden, die mit den Rechnern der verschiedenen Autorisierungssysteme in Verbindung stehen.

Wenn, wie in Bild 7.5 dargestellt, Netzrechner verwendet werden, übernehmen diese Rechner verschiedene Aufgaben wie:

- das Routing, d. h. das Weiterleiten der vom Endgerät erhaltenen Nachrichten an das Zielsystem und die Übermittlung der Antwortnachrichten an die Endgeräte

  Die Endgeräte können dabei mit dem Netzrechner über andere Kommunikationsprotokolle und Leitungsarten kommunizieren als der Netzrechner mit den einzelnen Zielsystemen. Dadurch kann bei den Endgeräten die Wahlfreiheit hinsichtlich der Protokolle und Übertragungsarten groß und bei den Zielsystemen die Protokollvielfalt gering sein.

- Steuerung der Endgeräte

- Laden der Endgeräte mit aktualisierten Software-Versionen

- Erstellung von Statistiken

Ein Fall, in dem die Einführung von Chipkarten keine Auswirkungen auf die Netzstrukur hat, kann ein Computer-Zugriffsschutzsystem sein, wie es in Bild 7.6 schematisch dargestellt ist.

Das in Bild 7.6 dargestellte Computernetz ist über Chipkarten vor unberechtigtem Zugriff geschützt. Zu jedem Arbeitsplatz – sei es ein Terminal oder ein PC – gehört ein Chipkartenterminal. Die Chipkartenterminals an Terminalarbeitsplätzen müssen mit einem Rechner verbunden sein, weil Computerterminals nicht mit Anschlußmöglichkeiten ausgestattet sind. An PC-Arbeitsplätzen kann das Chipkartenterminal direkt an den PC angeschlossen werden.

Ein Chipkartensystem könnte eingeführt werden, um ein bestehendes oder aufzubauendes Computersystem gegen Zugriff durch Unbefugte zu schützen. In diesem Fall hat die Funktionalität des Chipkartensystems zwei Auswirkungen auf das Netz:

- An jedem Arbeitsplatz wird ein Chipkartenterminal benötigt.

- Die Sicherheitsvorkehrungen des Betriebssystems wie das Passwortsystem und die Berechtigungsverwaltung müssen entsprechend der Funktionalität der Chipkarte geändert werden.

Bild 7.6:
Beispiel für ein
mit Chipkarten
abgesichertes
Computer-Netz

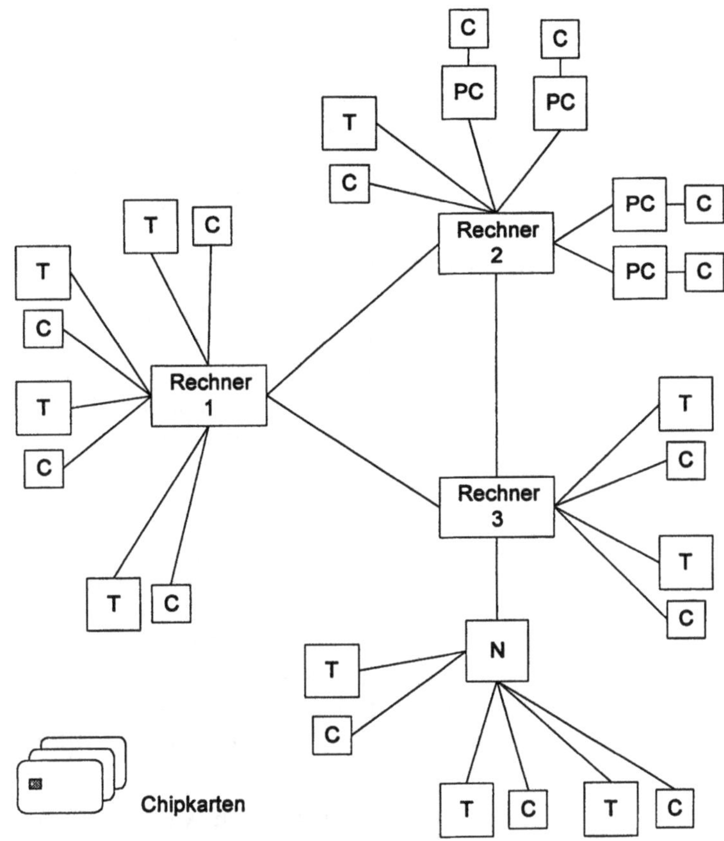

Symbole: C - Chipkartenterminals
N - Netzrechner / Konzentrator
PC - Personal Computer
T - Terminal

Welche Übertragungsarten innerhalb eines Netzes gewählt werden, hängt davon ab,

- ob es Übertragungsstrecken gibt, die auf einem Grundstück liegen

  Dann sind keine öffentlichen Leitungen erforderlich, und es fallen somit auch keine Übertragungsgebühren an.

- wie groß die jeweils zu übertragenden Datenmengen sind

- ob die Anwendung zeitkritisch ist

  Damit Kunden nicht unnötig warten müssen, wird man sich für schnellere Übertragungsarten entscheiden, die teurer sind.

Jedes Netz muß überwacht werden, damit jederzeit bekannt ist, ob alle Netzkomponenten einwandfrei funktionieren. Jede Fehlfunktion muß schnell und kostengünstig behoben werden können. On-line-Fehlerbehebung, d. h. Änderung der Fehlersituation durch Übertragung von Befehlen über Leitung ist eine außerordentlich kostengünstige Vorgehensweise im Vergleich zum Entsenden von Technikern.

7.6 Organisation

Der Betrieb eines neuen Chipkartensystems bringt eine Reihe von Aufgaben mit sich, die entweder kontinuierlich erledigt werden müssen oder die sporadisch anfallen. Diese Tätigkeiten sind in Abschnitt 5.3, „Systembetrieb" beschrieben. Sie müssen organisiert werden, damit sie planmäßig und systematisch ausgeführt werden. Das bedeutet, daß die Aufbau-Organisation und die Ablauf-Organisation festgelegt werden müssen.

Im Rahmen der Aufbau-Organisation wird beschrieben, welche Organisationseinheiten mit wievielen Mitarbeitern die Aufgaben erfüllen sollen und welche Struktur für die Organisationseinheiten vorgesehen ist. Unter Umständen werden in diesem Zusammenhang neue Firmen gegründet, die diese Arbeiten oder einen bestimmten Teil davon übernehmen. Das können z. B. Betreibergesellschaften, Vertriebsfirmen oder Dienstleistungsunternehmen sein.

In der Ablauf-Organisation werden die einzelnen Aufgaben und ihre Abfolge beschrieben, damit die einzelnen Bearbeitungsschritte korrekt und in der richtigen Reihenfolge durchgeführt werden.

Natürlich werden auch für die Organisation des Betriebs eines Chipkartensystems – wie für jede Organisation – Formulare benötigt, z. B. Formulare für Kartenanträge.

Sicherheitsaspekte

Die Sicherheit eines Systems ist ebenso wie die Qualität eines Produkts ein immanenter Wert, der vom Beginn an angestrebt werden muß und nicht nachträglich erreicht werden kann.

Deshalb muß die Systemsicherheit immer Chefsache sein. Für die Sicherheit unseres Währungssystems ist die Bundesbank verantwortlich. Für die Sicherheit von Chipkartensystemen tragen die Vorstände bzw. Geschäftsleitungen der Systembetreiber die Verantwortung.

In Abschnitt 8.1 ist dargestellt, was Systemangreifer dazu treibt, Systeme zu manipulieren. Ihre Motive liegen nicht ausschließlich darin, sich zu bereichern. Die verschiedenen Ebenen der Systemsicherheit sind in Abschnitt 8.2 aufgezeigt. Die übrigen Abschnitte dieses Kapitels beschreiben die Grundlagen der Methoden, mit denen Chipkartensysteme gegen Mißbrauch und Manipulation geschützt werden.

Manipulation des Chipkartensystems

Die Chipkarte selbst ist ein recht sicheres Medium (siehe Abschnitt 8.3). Doch es gäbe innerhalb des Chipkartensystems Möglichkeiten der Manipulation und des Betruges, wenn diese Möglichkeiten nicht durch entsprechende Sicherheitsmaßnahmen zunichte gemacht werden.

Der Idealfall ist, daß nur der rechtmäßige Kartenbenutzer die Karte ausschließlich bestimmungsgemäß einsetzt und alle Systemkomponenten störungsfrei funktionieren und nicht manipulierbar sind. Dieser Idealfall wird aber nicht zu erreichen sein. Deshalb kommt es darauf an, daß die richtigen Sicherheitsmaßnahmen getroffen werden. Der Betrug und die Manipulation müssen für einen möglichen Betrüger so schwierig sein, daß sich der Aufwand für ihn nicht lohnt.

Imageschäden

Schäden, die durch Manipulation verursacht werden, können sehr groß sein, wenn der Manipulation nicht ausreichend vorgebeugt wird. Noch weit größer kann jedoch der Imageschaden sein, der durch Sicherheitsmängel ausgelöst wird.

In den frühen 80er Jahren gab es in Deutschland Probleme mit den ersten Geldautomaten. Aufgrund der Berichterstattung in den Medien war die Bevölkerung stark verunsichert. Nicht nur die Benutzung der Geldautomaten war in Mißkredit geraten. Die Frage, ob und in welcher Weise man überhaupt noch mit der eurocheque-Karte umgehen sollte, mit der in Deutschland die Geldautomaten bedient werden, war zum Stammtisch-Thema geworden.

Schadensbegrenzung

Dabei gilt für alle technischen Systeme ebenso wie für andere Bereiche des menschlichen Lebens: Es gibt keine absolute Sicherheit. Die größtmögliche Sicherheit liegt im völligen Unterlassen. Wenn es denn schon nicht möglich ist, Betrügereien ganz und gar zu verhindern, muß dafür gesorgt werden, daß bei allen denkbaren Schadensfällen der Schaden so eng wie möglich begrenzt wird. Bei allen Maßnahmen zur Schadensbegrenzung ist deshalb sehr genau darauf zu achten, daß ein einzelner Schadensfall sich nicht systemweit auswirken kann.

Z. B. kann es nicht völlig ausgeschlossen werden, daß eine einzelne PIN einem Unbefugten bekannt wird. Es muß aber sichergestellt sein, daß die Geheimhaltung der übrigen PINs im System durch das Bekanntwerden einer PIN nicht gefährdet ist.

Welche Sicherheitsmaßnahmen für ein neues Chipkartensystem angemessen sind, muß aufgrund der Schadenswahrscheinlichkeit und der möglichen Schadenshöhe im einzelnen festgelegt werden. In diesem Kapitel sind die Grundlagen der wichtigsten Sicherheitsmaßnahmen dargestellt.

8.1   Systemangreifer und ihre Motive

Wenn ein neues System aufgebaut wird, werden bald Menschen auf die Idee kommen, dieses System für sich auszunutzen und es unrechtmäßig zu manipulieren. An diesem Versuch kann sie niemand hindern. Durch entsprechende Maßnahmen kann man solche Versuche aber erheblich erschweren. Besonders wichtig ist es, daß die Sicherheitsmaßnahmen so konzipiert werden, daß Betrugsversuche auf jeden Fall bemerkt werden.

Wer die Sicherheitsmaßnahmen eines Chipkarten-Systems zu überlisten versucht, mag die verschiedensten Motive dafür haben.

Kriminelle

Der kleine Kriminelle bringt durch krumme Tricks und Taschendiebstähle anderer Leute Eigentum an sich. Er wird auch Chipkarten stehlen und sie auf Kosten der rechtmäßigen Inhaber benutzen. Größeren technischen Aufwand wird er nicht betreiben. Das ist für ihn zu teuer, und es dauert für ihn zu lange, bis er von dieser Mühe profitieren kann. Typisch für solche Gauner mit der Mentalität von Taschendieben sind die Betrugsfälle, die sich an Tankstellen häuften. Dort wurden Kreditkarten bis zu einem bestimmten Betrag akzeptiert, ohne mit Hilfe einer On-line-Verbindung bei der autorisierenden Stelle anzufragen. Mit gestohlenen Karten wurden in den Shops der Tankstellen von ganzen Banden systematisch Spirituosen eingekauft. Die Kaufbeträge lagen unter dem Floor Limit, d. h. unterhalb des Höchstbetrages, bis zu dem eine Kredit-kartenzahlung akzeptiert werden kann ohne bei der zuständigen Stelle eine Autorisierung einzuholen. Wie hoch das Floor Limit war, d. h. bis zu welchem Betrag die Gaunerei klappen würde, hatten die Ganoven natürlich schnell herausgefunden.

Eine weit größere Gefahr als die Kleinkriminalität ist die weltweit operierende organisierte Kriminalität, die über fast unbegrenzte Mittel verfügt. Auch ein relativ hoher technischer Aufwand ist für diesen Kreis von Betrügern kein unüberwindliches Hindernis. Da sie über viel Geld verfügen, kann es ihnen auch gelingen, Insi-der, die über die entsprechenden technischen Detailkenntnisse verfügen, für eine Zusammenarbeit zu gewinnen. Natürlich müs-sen die Vorteile, die über das Manipulieren von Systemen zu gewinnen sind, entsprechend groß sein. Je internationaler eine Chipkarte einsetzbar ist und je höher die Beträge sind, die mit einer als Zahlungskarte verwendeten Chipkarte bezahlt werden können, desto eher sind Manipulations- und Betrugsversuche in größerem Stil interessant. So ist der Anreiz, Kartentelefonsysteme zu knacken, um kostenlos zu telefonieren, nicht sehr groß. Wenn allerdings größerer Vorteil winkt, schrecken auch rechtmäßige Besitzer oder Insider nicht davor zurück, gemeinsame Sache mit Kriminellen zu machen. Die Kfz-Versicherungen, bei denen teure Fahrzeuge gegen Diebstahl versichert sind, klagen z. B. immer häufiger darüber, daß rechtmäßige Fahrzeugbesitzer mit Kriminellen unter einer Decke stecken.

Betrügerische Systempartner

Nicht nur Menschen, die sozusagen von außerhalb des Systems versuchen, sich unrechtmäßig in den Besitz von Karten und Informationen zu bringen, wollen sich bereichern. Auch Partnern, die aufgrund von Verträgen rechtmäßig an einem System teilnehmen, kann man nicht in allen Fällen trauen. Auch sie oder ihre Angestellten versuchen manchmal, mit falschen Daten und unrechtmäßiger Weitergabe von echten Daten Kasse zu machen. Anfang der 90er Jahre mußte z. B. eine der großen Kreditkartenorganisationen in einem südeuropäischen Land 30 % ihrer Verträge mit Händlern wegen Unregelmäßigkeiten kündigen.

Freaks

Diese Gruppe kenntnisreicher Systemangreifer, die wie Hacker in Computernetzen ihre Fähigkeiten einsetzen, sind nicht auf Bereicherung aus. Sie tüfteln an Möglichkeiten, Systeme zu „knacken" und Sicherheitshürden zu umgehen aus Spaß an der intellektuellen Herausforderung, die für sie damit verbunden ist. Schaden im System anrichten wollen sie nicht. Sie wollen lediglich beweisen, daß sie cleverer sind als die Systemdesigner und daß gegen ihr schlaues Vorgehen kein Mittel hilft. In vielen Fällen haben sie den Systembetreibern die Augen geöffnet, wie leichtfertig mit den Sicherheitsbestimmungen umgegangen wird.

Auch wenn sie keinen materiellen Schaden anrichten, sind solche Angriffe von Freaks auf die Systeme gefährlich. Freaks und Hacker lieben die Publizität. Je mehr über sie und ihre „Erfolge" in den Medien berichtet wird, desto mehr freuen sie sich. Aber Presseberichte über Unzulänglichkeiten und Sicherheitsmängel in einem System verunsichern die potentiellen Systembenutzer. Der Image-Schaden, den Hacker und Freaks anrichten können, kann beträchtlich sein und im schlimmsten Fall zum Boykott des Systems führen.

Insider

Es gibt auch Menschen, die ein Motiv haben, gerade ein bestimmtes System zu beschädigen oder lahmzulegen. Frust treibt unzufriedene Mitarbeiter, die gerade aufgrund ihrer Insider-Kenntnisse größeren Schaden anrichten können, zu solchen Handlungen. Über solche Fälle wird in Deutschland meistens nichts veröffentlicht. Aus den USA gibt es allerdings Beispiele, über die auch die deutsche Presse berichtet hat. So wurde Anfang der 80er Jahre der Fall eines amerikanischen Angestellten bekannt, der bei seiner Entlassung durch Manipulation der Passwörter das Computer-System seines bisherigen Arbeitgebers für mehrere Tage lahmlegte.

Insider waren z. B. auch beteiligt an den Betrügereien mit Telefon-Gebühren im Bereich von Telefonverbindungen, über die Sex Lines nach Übersee geschaltet wurden. Das zeigt, daß auch Insider gegen die Versuchungen des leichten Geldes nicht gefeit sind.

8.2   Verschiedene Ebenen der Systemsicherheit

In einem Chipkartensystem, das aus verschiedenen Systemkomponenten besteht, zwischen denen Daten übertragen werden, ist die Chipkarte das Element, das am besten gegen Manipulationen geschützt sein muß. Chipkarten sind in vielen Händen. Der Systembetreiber hat keinen Einfluß darauf, was die Karteninhaber mit der Karte machen. Bei Manipulationsversuchen an Chipkarten sind die Karteninhaber völlig ungestört.

Öffentliche Leitungen, über die Daten innerhalb des Systems übertragen werden, sind ebenso in Gefahr, Ziel unbeobachteter Manipulationsversuche zu werden. Öffentliche Leitungen können angezapft und Daten, die übertragen werden sollen, unberechtigt verändert werden, ohne daß das erkannt wird.

Die übrigen Systemkomponenten wie Computersysteme und Chipkartenterminals werden von Bedienern bzw. Wartungspersonal überwacht, so daß die Gefahr, entdeckt zu werden, für einen Systemangreifer ungleich größer ist. Allerdings ist es auch nicht von vornherein auszuschließen, daß Bedienungs- und Wartungspersonal zu manipulieren versuchen.

Systemangreifer und Betrüger, die sich bereichern wollen, können in ein komplexes Chipkartensystem auf verschiedene Weise einzugreifen versuchen. In diesem Kapitel werden die Ebenen der Systemsicherheit behandelt, die durch technische Maßnahmen abgesichert werden. Die Mittel, die Kartenfälschungen anhand visueller Prüfungen erkennbar machen, sind hier nicht erwähnt, weil sie bei Chipkarten keine große Bedeutung haben.

Manipulationssicherheit

Gegen die verschiedenen Möglichkeiten, ein Chipkartensystem zu manipulieren, schützen die jeweils adäquaten Gegenmaßnahmen.

1. Unrechtmäßige Benutzung von Systemkomponenten

    Gegen den unrechtmäßigen Gebrauch einzelner Komponenten schützt die Identifikation des rechtmäßigen Benutzers, d. h. die Eingabe einer PIN bzw. eines Passworts oder ein anderes geeignetes Identifikationsverfahren.

    Karteninhaber werden bei Kartensystemen mit PIN-Eingabe zur Geheimhaltung der PIN verpflichtet. Können sie nicht ausreichend nachweisen, daß sie die PIN vor fremden Zugriff geschützt haben, können sie unter Umständen für einen eingetretenen Schaden haftbar gemacht werden.

2. Technische Manipulation von Systemkomponenten

    Systemangreifer können versuchen, Daten zu fälschen oder Systemkomponenten zu manipulieren. Dagegen helfen verschiedene Maßnahmen der physikalischen Verhinderung der Manipulation. Systemkomponenten können durch tresorähnliche Schutzeinrichtungen unzugänglich gemacht werden. Eine andere Möglichkeit ist die Anbringung von Detektoren, mit deren Hilfe Manipulationsversuche erkannt werden. Melden die Detektoren einen Manipulationsversuch, wird die betroffene Systemkomponente automatisch funktionsunfähig gemacht bzw. außer Betrieb gesetzt.

    Sind solche Maßnahmen, wie z. B. bei öffentlichen Leitungen, nicht möglich, und/oder ist eine absolute Sicherheit, daß nicht manipuliert wurde, erforderlich, werden durch den Einsatz kryptografischer Maßnahmen unbefugte Manipulationen erkennbar gemacht.

3. Simulation einer Systemkomponente

    Ein Systemangreifer könnte eine Systemkomponente nachbilden, um sich einen Vorteil zu verschaffen. Kann z. B. ein Gerät gegenüber einem öffentlichen Chipkartentelefon eine Chipkarte simulieren, kann das Telefonnetz ohne entsprechende Bezahlung genutzt werden.

Vor der unerkannten Simulation von Systemkomponenten schützt das Verfahren der gegenseitigen Authentisierung (siehe Abschnitt 8.4.1).

4. Wiedereinspielen von Nachrichten

    Systemangreifer könnten versuchen, aufgezeichnete Nachrichten, die im System bereits verarbeitet wurden, nochmals in das System zu bringen in der Hoffnung, daß eine Nachricht, die einmal korrekt verarbeitet wurde, bei einer Wiederholung ebenso behandelt wird.

    Maßnahmen, mit deren Hilfe solche Versuche erkannt werden, sind in Abschnitt 8.5 beschrieben.

Abhörsicherheit

Sollen Unbefugte daran gehindert werden, die Informationen zu verstehen, die in einem Netz übertragen werden, werden die Nachrichten mit Hilfe kryptografischer Verfahren verschlüsselt. So sind nur die Besitzer der entsprechenden geheimen Schlüssel in der Lage, die verschlüsselten Daten zu verstehen.

Ausforschbarkeit

Da die Kenntnis einer PIN oder eines Passworts die unrechtmäßige Benutzung einer Karte möglich macht, besteht bei Systemangreifern ein großes Interesse daran, gültige PINs oder Passwörter herauszubekommen. Innerhalb des Systems wird dadurch, daß PINs oder Passwörter niemals im Klartext übertragen oder gespeichert werden, verhindert, daß sie bekanntwerden. Es ist jedoch nicht möglich, mit Sicherheit auszuschließen, daß die rechtmäßigen Kartenbenutzer die PIN freiwillig oder unfreiwillig bekanntgeben. Ein Betrüger kann dem Karteninhaber bei der PIN-Eingabe unbemerkt zuschauen oder ihn mit Gewalt zur Herausgabe der PIN zwingen. Der rechtmäßige Karteninhaber kann leichtfertig mit Aufzeichnungen der PIN bzw. des Passworts umgehen oder freiwillig mit dem Betrüger zusammenarbeiten.

Funktionssicherheit

In einem Chipkartensystem kann jede Komponente durch die verschiedensten Ursachen vorübergehend oder dauerhaft funktionsunfähig sein. Aufgrund des heutigen technischen Standards fallen technische Komponenten nur noch selten aus. Die Anzahl der Ausfälle liegt z. B. in Deutschland bei Telefonwertkarten im Promille-Bereich. Trotzdem werden für jede mögliche Störung die entsprechenden Hard- und Softwaremaßnahmen getroffen werden müssen, um Funktionsstörungen so schnell wie möglich zu beheben.

- Für Computersysteme können Ausfallsicherheit auf der Basis von Hardware- oder Software-Redundanz oder Backup-Systeme vorgesehen werden.

- Für den Fall, daß eine Übertragungsleitung nicht verfügbar ist, kann ein alternativer Übertragungsweg vorgesehen werden.

- Ist eine Karte nicht funktionsfähig, muß sehr schnell Ersatz zur Verfügung gestellt werden können.

8.3   Hardware-Sicherheit der Chips

Chipkarten sind durch ihre technischen Eigenschaften sehr viel sicherer als Magnetstreifenkarten (siehe Abschnitt 4.2). Die Daten im Chip können im Gegensatz zu Daten, die im Magnetstreifen gespeichert sind, nur durch Berechtigte ausgelesen werden. Dadurch ist auch das Duplizieren von Karten, d. h. das Herstellen von falschen Karten mit echten Kartendaten so gut wie ausgeschlossen. Geheime Daten können so im Chip gespeichert werden, daß sie ausschließlich im Chip verwendet werden können. Damit wird ein Sicherheitsniveau erreicht, das mit den bisherigen Speichermedien für Karten nicht möglich war.

Außerdem ist die Funktionssicherheit von Chipkarten höher als die von Magnetstreifenkarten. Während Magnetstreifen durch mechanische Beschädigung oder durch Lagerung in der Nähe von Magnetfeldern, die die Magnetisierung des Magnetstreifens beeinträchtigen, unbrauchbar werden können, kann der Chipkarte nur außerordentlich starke mechanische Beschädigung etwas anhaben.

8.4   Einsatz kryptografischer Mittel zur Systemabsicherung

Unter Kryptografie versteht man Methoden und Maßnahmen, um Informationen für Unbefugte unlesbar zu machen, d. h. zu codieren.

Entwicklung der Kryptografie

Die Notwendigkeit, den Inhalt von Nachrichten geheimzuhalten, gab es schon lange im militärischen Bereich. Dort wurden Verfahren entwickelt, Informationen anders als in der üblichen Buchstabenschrift darzustellen. Der Feind war aber gewöhnlich nicht untätig und versuchte anhand aufgezeichneter Botschaften, das Verfahren, mit dem die Nachrichten codiert waren, herauszufinden. Wenn das gelang, konnte er die Informationen ebenfalls verstehen oder sogar selbst auf dieselbe Weise codierte Botschaften erzeugen, um den Gegner zu irritieren.

Bild 8.1 stellt den Vorgang der Verschlüsselung schematisch dar.

Bild 8.1:
Verschlüsselung

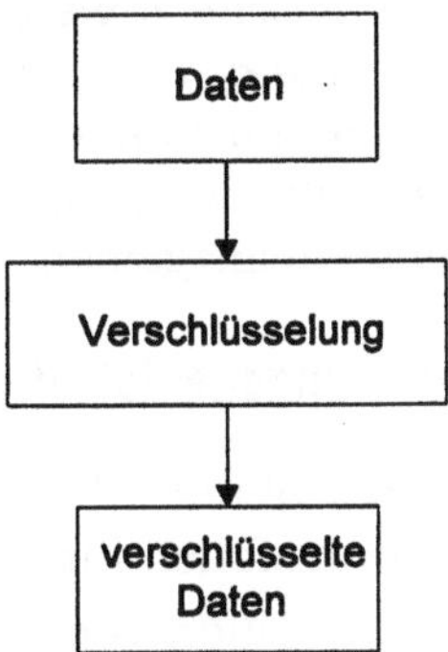

Da das Verschlüsselungsverfahren relativ leicht zu enträtseln ist, mußte zum Verfahren, dem Algorithmus, ein weiteres Element hinzukommen: der geheime Schlüssel – wie in Bild 8.2 dargestellt.

Bild 8.2:
Verschlüsselung unter
Anwendung eines
geheimen Schlüssels

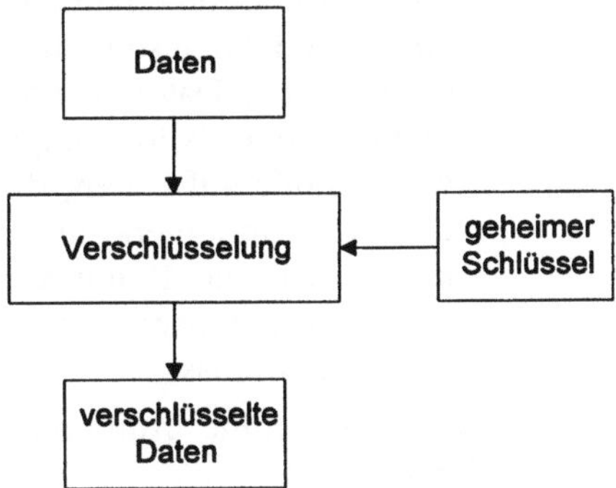

Kryptografische Algorithmen werden heute meistens nicht geheimgehalten, sondern veröffentlicht. Fachleute aus aller Welt haben so die Möglichkeit, die Algorithmen zu untersuchen und ihre Sicherheit zu beurteilen. In einzelnen Fällen werden aber auch private Algorithmen eingesetzt, die geheimgehalten werden. Da kein auf breiter Basis ruhendes Urteil über ihre Sicherheit vorhanden sein kann, werden sie nicht in großem Maße verwendet. Hier werden sie nicht weiter betrachtet.

Kryptografische Algorithmen müssen so beschaffen sein, daß es nur sehr schwer und nur mit sehr großem technischen Aufwand möglich ist, aus der Analyse verschlüsselter und unverschlüsselter Texte den geheimen Schlüssel zu ermitteln.

Geheime Schlüssel müssen mit allen Mitteln vor dem Bekanntwerden geschützt werden. Da jedoch nicht völlig ausgeschlossen werden kann, daß geheime Schlüssel in die Hände Unbefugter gelangen, müssen die geheimen Schlüssel ausreichend häufig gewechselt werden. Diese Maßnahme wird im Abschnitt „Schlüsselmanagement" noch näher behandelt.

Anwendungsgebiete der Kryptografie

Mit kryptografischen Maßnahmen kann man:

- Informationen für Unbefugte unlesbar machen

- Manipulationsversuche erkennbar machen

  Es ist wichtig zu betonen, daß mit den Mitteln der Kryptografie lediglich erkennbar gemacht wird, daß Informationen verfälscht worden sind. Jeder, der Zugriff auf Daten hat, kann sie auch verändern. In Computersystemen wird die Möglichkeit zur Datenveränderung meistens durch Zuordnung von Berechtigungen zu Benutzern (z. B. das Recht, eine Datei zu lesen, die Daten einer Datei zu verändern oder in eine Datei zu schreiben) eingeschränkt. Noch problematischer als in Computersystemen ist die Verhinderung des Zugriffs auf Daten, die über Leitungen übertragen werden. Wer unbemerkt auf eine Datenleitung zugreifen kann, kann auch die Daten verändern, die übertragen werden, natürlich vorausgesetzt, er hat die erforderlichen technischen Kenntnisse.

- die gegenseitige Authentisierung von Systemkomponenten durchführen

  Mit der gegenseitigen Authentisierung von Systemkomponenten wird ausgeschlossen, daß Datenkommunikation zwischen technischen Komponenten stattfinden kann, die keine authentischen Systemkomponenten sind.

- Daten mit digitaler Signatur versehen

- Digitale Signaturen prüfen

8.4.1   Symmetrische Algorithmen

Charakteristikum symmetrischer Algorithmen ist, daß Sender und Empfänger einer Nachricht denselben geheimen Schlüssel verwenden für das Verschlüsseln und das Entschlüsseln.

Verschlüsseln und Entschlüsseln

Bild 8.3:
Ver- und Entschlüsseln

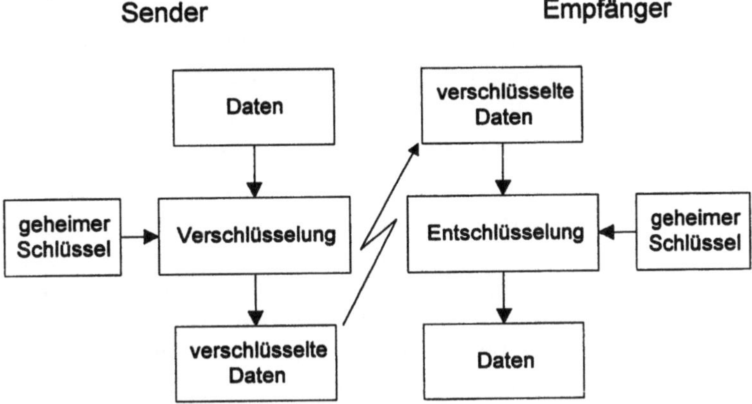

Bild 8.3 zeigt, daß der Sender die Daten mit einem geheimen Schlüssel verschlüsselt und der Empfänger die verschlüsselten Daten mit demselben Schlüssel entschlüsselt.

Bild 8.4:
Verwendung verschiedener Schlüssel auf verschiedenen Übertragungsstrecken

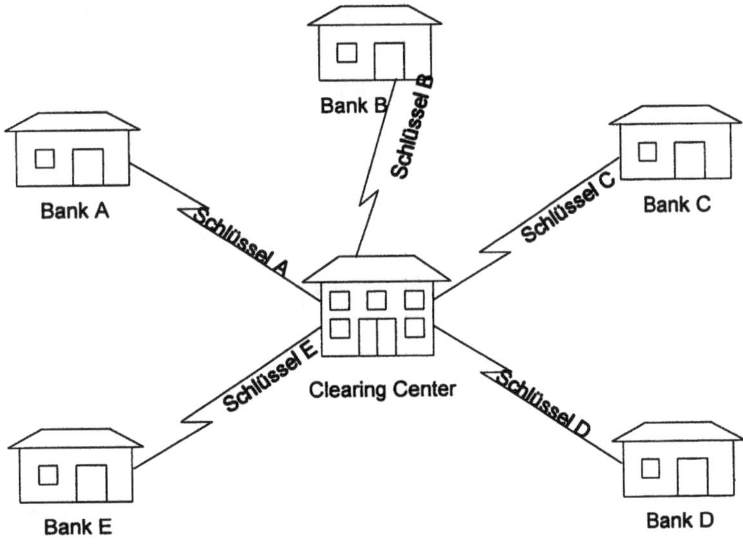

Für verschiedene Übertragungsstrecken sind verschiedene Schlüssel erforderlich, so daß

- mit einem „geknackten" Schlüssel nicht systemweit Schaden angerichtet werden kann und

- die übrigen Systemteilnehmer ungestört weiterarbeiten können, wenn zwischen zwei Kommunikationspartnern der Schlüssel gewechselt wird.

MAC-Bildung und -Prüfung

Damit der Empfänger einer Nachricht prüfen kann, ob die Daten, die er erhält, manipuliert wurden, versieht der Absender die Nachricht mit einem Prüfwert, dem Message Authentication Code (MAC).

Für die MAC-Bildung und -Prüfung wird ein anderer geheimer Schlüssel verwendet als der Schlüssel, der auf derselben Übertragungsstrecke für die Verschlüsselung benutzt wird. Der Grund dafür ist – ebenso wie für die Verwendung verschiedener Schlüssel auf verschiedenen Übertragungsstrecken – , daß ein möglicher Schaden im Falle, daß ein geheimer Schlüssel bekannt wird, möglichst kleingehalten werden muß.

Mit symmetrischen Algorithmen kann nicht verhindert werden, daß ein Empfänger von Nachrichten vorgibt, eine Nachricht erhalten zu haben, die er in Wirklichkeit selbst erzeugt hat. Er kennt ja die geheimen Schlüssel, die die Absender verwenden, mit denen er kommuniziert.

Bild 8.5:
MAC-Bildung/
MAC-Prüfung

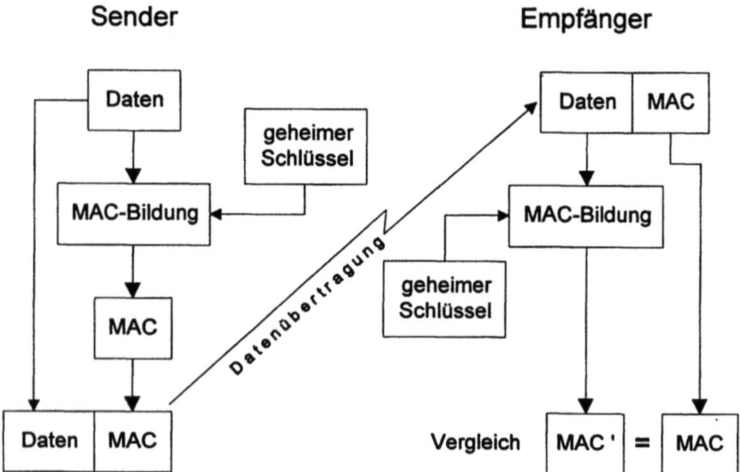

Gegenseitige Authentisierung von Systemkomponenten

Mit der gegenseitigen Authentisierung von Systemkomponenten wird sichergestellt, daß nur authentische Geräte im Netz arbeiten können. Mit dieser Prozedur kann z. B. ausgeschlossen werden, daß mit Hilfe eines falschen Endgeräts unberechtigt Daten aus Chipkarten gelesen werden können.

Der Einfachheit halber ist im folgenden eine Authentisierung des Endgeräts durch die Chipkarte nach dem Challenge Response Verfahren dargestellt.

Bild 8.6 zeigt die Nachrichtenfolge einer Authentisierung des Endgeräts durch die Chipkarte.

Bild 8.6:
Nachrichtenfolge einer
Authentisierung

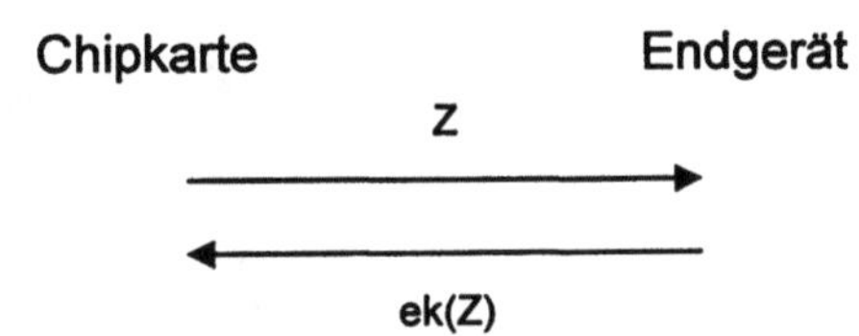

Bei einer gegenseitigen Authentisierung wird die Authentisierung nach demselben Verfahren in zwei Schritten durchgeführt. Der Authentisierung des Endgeräts durch die Chipkarte folgt eine Authentisierung der Chipkarte durch das Endgerät.

In Bild 8.7 ist der Ablauf einer Authentisierung eines Endgerätes durch die Chipkarte schematisch dargestellt.

Die Authentisierung einer Systemkomponente verläuft in mehreren Schritten:

1. Die authentisierende Komponente (hier die Chipkarte) sendet der zu authentisierenden Komponente eine Zufallszahl.

2. Die zu authentisierende Komponente (hier das Endgerät) verschlüsselt die Zufallszahl mit einem geheimen Schlüssel und sendet den so erhaltenen Wert an die Chipkarte.

3. Die Chipkarte entschlüsselt den erhaltenen Wert mit dem geheimen Schlüssel und vergleicht den entschlüsselten Wert mit der gesendeten Zufallszahl. Stimmt der entschlüsselte Wert mit der gesendeten Zufallszahl überein, hat das Endgerät den richtigen geheimen Schlüssel verwendet. Es ist authentisch.

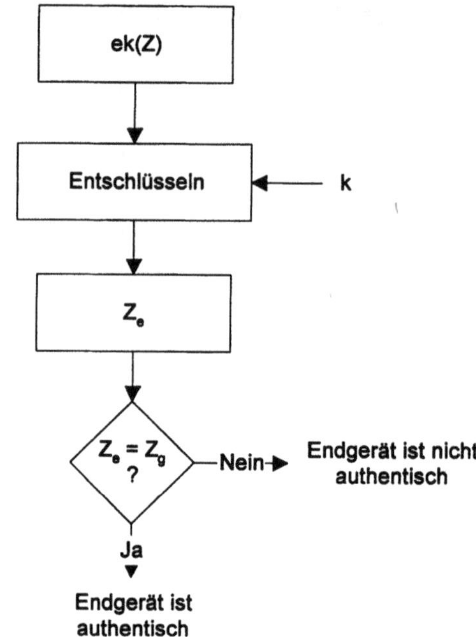

Bild 8.7:
Echtheitsprüfung im Rahmen einer Authentisierung, hier durchgeführt von der Chipkarte

8.4.1.1 DES

Der Data Encryption Standard (DES) wurde in den USA von IBM entwickelt auf der Basis des IBM-Verschlüsselungsalgorithmus Lucifer, der bereits im Einsatz war. Anlaß für die Entwicklung des DES war ein im Jahre 1972 vom National Bureau of Standards (NBS) veranlaßtes Studienprogramm. Ziel dieser Untersuchung war es, einen Verschlüsselungsalgorithmus zu finden, der den 1973 vom NBS veröffentlichten Anforderungen entsprach und der sich als USA-weit einzusetzender Standard eignete.

Veröffentlicht wurde der DES im Januar 1977 als FIPS Veröffentlichung 46. Vom Juli 1977 an waren alle USA-Bundesbehörden verpflichtet, den DES als Sicherheitsalgorithmus einzusetzen.

Bild 8.8:
Leiterdiagramm
Darstellung des DES

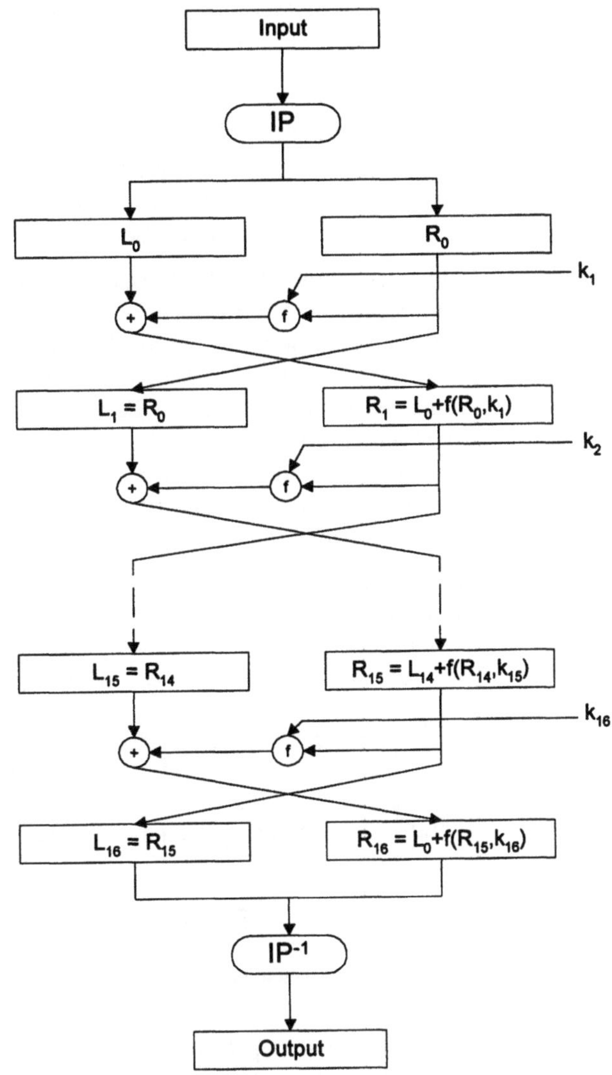

Der DES wurde unter der Bezeichnung Data Encryption Algorithm (DEA) übernommen vom American National Standards Institute (ANSI) als Standard-Algorithmus für die Industrie.

Bild 8.8 zeigt ein Ablaufdiagramm des Data Encryption Algorithm.

Der DES ist ein symmetrischer Algorithmus, d. h. Sender und Empfänger einer Nachricht verwenden zum Ver- und Entschlüsseln einer Nachricht denselben Schlüssel.

Die Sicherheit des DES beruht auf der Geheimhaltung der Schlüssel. Der Algorithmus verwandelt Klartext in verschlüsselten Text oder umgekehrt, je nach dem Modus, in dem gearbeitet wird. Der Text wird in Blöcken à 64 Bit mit einem 64 Bit langen Schlüssel bearbeitet. Jede DES-Operation besteht aus 16 Runden. In jeder Runde werden als Schlüssel 48 bit lange Ableitungen des entsprechenden Schlüssels verwendet. Die Veränderungen, denen die Daten im DES unterworfen sind, beruhen auf Permutationen, Substitutionen und XOR-Verknüpfungen.

In Bild 8.9 sind schematisch die Verschlüsselung und die Entschlüsselung dargestellt. Das Vertauschen der Datenstrings ist hier nicht durch grafische Darstellung, sondern durch die wechselweise Angabe von R und L wiedergegeben.

Bild 8.9:
DES- Ver- und Entschlüsselung, dargestellt in einem Leiterdiagramm

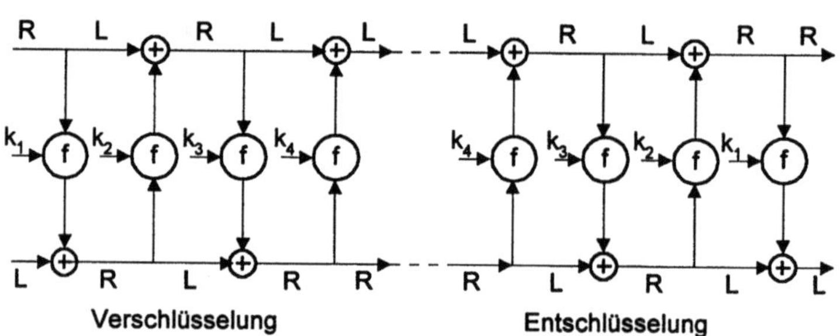

Zur Authentizitätsprüfung von Nachrichten wird die Nachricht beim Absender mit einem Message Authentication Code (MAC) versehen, der vom Empfänger der Nachricht in derselben Weise erzeugt wird. Sind der mit der Nachricht versendete MAC und der beim Empfänger gebildete MAC identisch, ist die Nachricht authentisch, d. h. während der Übertragung nicht verändert worden.

Bild 8.10:
MAC-Bildung
entsprechend
ANSI X 9.9

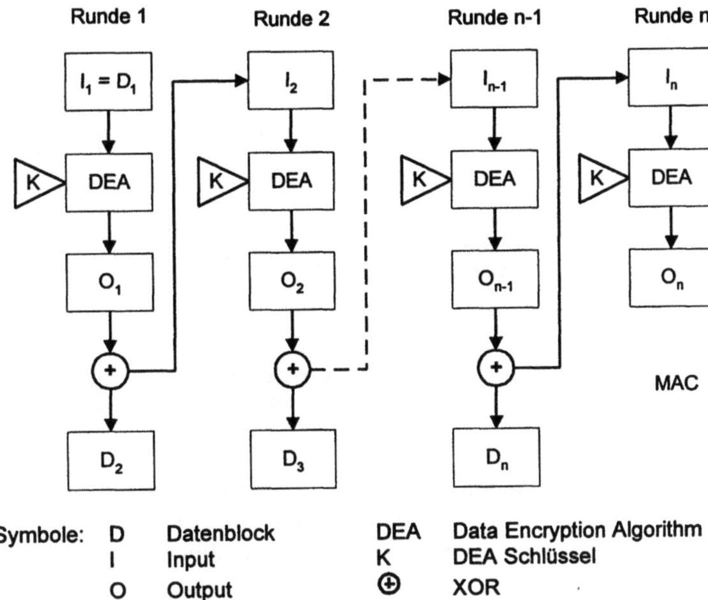

8.4.2   Asymmetrische Algorithmen

Die Geheimhaltung von Schlüsseln und die dafür erforderlichen
Maßnahmen (siehe Abschnitt 8.4.3 „Schlüssel-Management") sind
aufwendig. Außerdem ist mit symmetrischen Algorithmen das
Problem nicht zu lösen, daß ein Empfänger von Nachrichten
vorgeben kann, eine Nachricht erhalten zu haben, die er in
Wirklichkeit selbst erzeugt hat. Daraus ergab sich die Notwendigkeit, für Systeme, in denen die Authentizität des Senders relevant ist, asymmetrische Algorithmen zu entwickeln. Asymmetrisch
heißt dabei, daß der Schlüssel zur Verschlüsselung der Nachricht
ein anderer ist als der zum Entschlüsseln der Nachricht.

Werden asymmetrische Verfahren verwendet, können die Nachrichten mit öffentlichen Schlüsseln, d. h. mit Schlüsseln, die nicht
geheimgehalten werden müssen, verschlüsselt werden. Entschlüsseln kann die Nachricht dann nur der Empfänger, der den
dazugehörigen geheimen Schlüssel kennt, siehe Bild 8.11 auf der
folgenden Seite.

Bild 8.11:
Ver- und Entschlüsseln

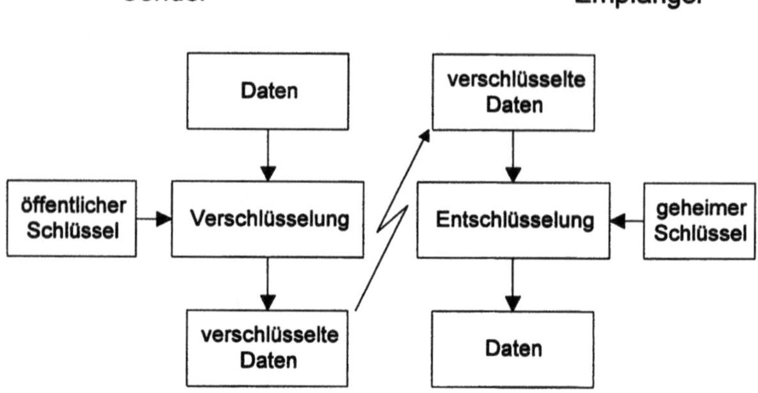

Asymmetrische Algorithmen müssen so konzipiert sein, daß es nicht möglich ist, mit Hilfe des öffentlichen Schlüssels den geheimen Schlüssel herauszufinden.

Digitale Signatur

Mit asymmetrischen Algorithmen können digitale Signaturen, auch als elektronische Unterschriften bezeichnet, erzeugt werden.

Bild 8.12:
Erzeugen einer
elektronischen
Unterschrift

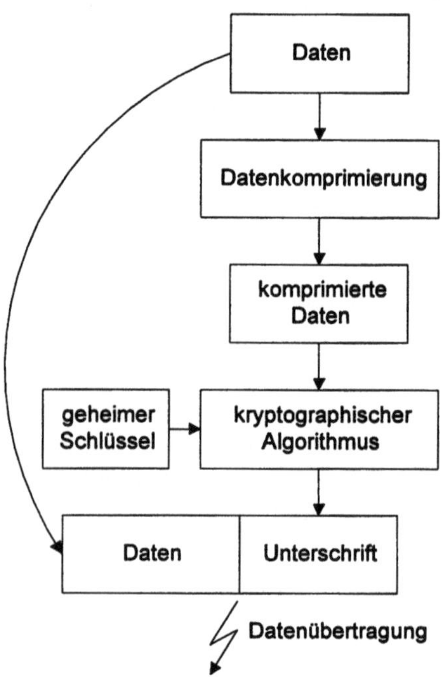

Zur Erzeugung einer elektronischen Unterschrift werden, wie in Bild 8.12 dargestellt, die Daten zuerst komprimiert. Aus den komprimierten Daten wird mit Hilfe des asymmetrischen Algorithmus unter Anwendung eines geheimen Schlüssels die digitale Signatur erzeugt, die zusammen mit den Daten an den Empfänger der Nachricht übermittelt wird.

Sender und Empfänger müssen für die Komprimierung denselben Hash-Algorithmus verwenden.

Bild 8.13:
Prüfen einer
elektronischen
Unterschrift

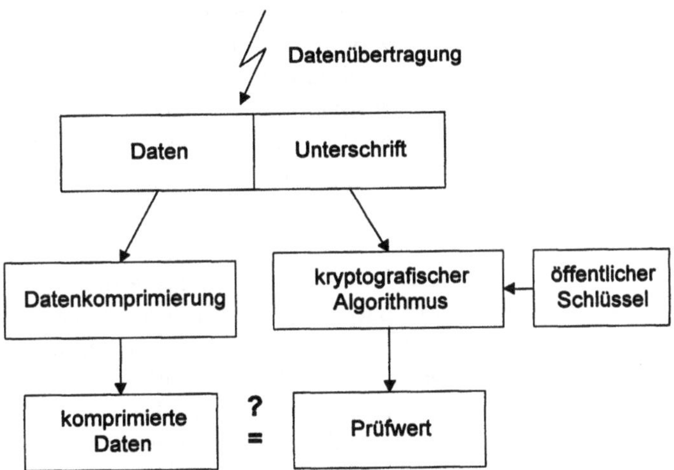

Zur Prüfung einer elektronischen Unterschrift komprimiert der Empfänger die Daten mit dem Hash-Algorithmus und erzeugt mit dem asymmetrischen Algorithmus und dem öffentlichen Schlüssel einen Prüfwert. Stimmt der Prüfwert mit dem aus der Komprimierung erhaltenen Wert überein, sind die Nachricht unverfälscht und die digitale Signatur echt.

Elektronische Unterschriften haben mit handschriftlichen Unterschriften etwas gemeinsam: Nur einer kann sie erzeugen, aber jeder kann sie prüfen.

Gegenüber handschriftlichen Unterschriften haben digitale Signaturen einen Vorteil: Ist die Signatur echt, ist das Dokument echt.

Hält man eine handschriftliche Unterschrift für echt, besagt das nichts darüber, ob das unterschriebene Dokument nach dem Unterschreiben verfälscht wurde. Anders ist es bei der elektronischen Unterschrift: Ist die digitale Signatur echt, so ist das damit unterschriebene Dokument unverfälscht. Bei Erzeugung der digitalen Signatur werden alle Daten des zu unterschreibenden Dokuments einbezogen. Die Prüfung der digitalen Signatur kann nur dann ein positives Resultat haben, wenn die Daten, die bei ihrer Prüfung verwendet werden, mit denen, die bei ihrer Erzeugung einbezogen waren, absolut identisch sind.

Non Repudiation

Der Absender einer Nachricht kann nicht bestreiten, die digitale Signatur geleistet zu haben, und die Anerkennung der Urheberschaft der digitalen Signatur und des Inhalts der elektronisch unterschriebenen Erklärung nicht verweigern. Nur er verfügt über den geheimen Schlüssel, mit dem die Unterschrift geleistet wurde. Deshalb kann er nicht leugnen, Urheber der digitalen Unterschrift zu sein. Die Unleugbarkeit der Urheberschaft wird als Non Repudiation bezeichnet.

8.4.2.1   RSA

Ein sehr bedeutender asymmetrischer Algorithmus ist der RSA, benannt nach seinen Erfindern Rivest, Shamir und Adleman. Die Zusammenhänge zwischen dem Algorithmus und den Schlüsseln (ein geheimer und ein öffentlicher Schlüssel) zu erklären, ist ohne eine streng mathematische Darstellung nicht möglich. Eine solche Darstellung würde den Rahmen dieses Buches sprengen, das in erster Linie für Leser ohne profunde mathematische Vorbildung geschrieben wurde. Die folgenden Erklärungen sollen deshalb an dieser Stelle genügen.

Es werden Einweg-Funktionen benutzt. D. h. die Berechnung einer Funktion ist relativ einfach, die Berechung ihrer Umkehrung zwar theoretisch möglich, aber praktisch aufgrund der riesigen Rechnerkapizitäten, die sie erfordern würde, nicht durchführbar.

Die Sicherheit des RSA-Algorithmus beruht auf der Schwierigkeit der Faktorisierung eines Produkts großer Primzahlen.

Die Schlüssel haben eine Länge von 512, 768 oder 1024 Bits. Je größer der Schlüssel ist, desto größer sind die Schwierigkeiten, die es machen würde, ihn herauszufinden. Größere Schlüssellängen bedeuten also höhere Sicherheit. Die Krytochips der verschiedenen Halbleiter-Hersteller haben bisher nicht alle die Möglichkeit, 1024 Bits lange Schlüssel zu verarbeiten.

8.4.3   Schlüssel-Management

Symmetrische kryptografische Algorithmen arbeiten mit geheimen und asymmetrische mit geheimen und öffentlichen Schlüsseln. Die Schlüssel müssen entsprechend den Anforderungen der Algorithmen erzeugt und den Stellen, an denen sie verwendet werden, zur Verfügung gestellt werden.

Die Geheimhaltung der geheimen Schlüssel ist die Basis für die Sicherheit des kryptografischen Systems. Deshalb dürfen geheime Schlüssel nur verschlüsselt übertragen und außerhalb gesicherter Hardware nur verschlüsselt gespeichert werden. Verwendet werden dürfen sie nur in gesicherter Hardware, bei der kein Zugriff von außerhalb der Hardware auf die geheimen Schlüssel möglich ist. Chipkarten erfüllen dieses Sicherheitskriterium.

Schlüssel-Hierarchie

Wegen der Anforderung, Schlüssel nur verschlüsselt an die Stellen zu versenden, die sie benutzen, werden Schlüssel-Hierarchien gebildet. D. h. der geheime Schlüssel wird mit einem Transport-Schlüssel verschlüsselt und verschlüsselt übertragen. Da der Transport-Schlüssel der empfangenden Stelle bekannt sein muß, damit sie den geheimen Schlüssel entschlüsseln und benutzen kann, muß jeder ver- und entschlüsselnden Stelle einmal ein Schlüssel im Klartext, aber auf geheime Weise mitgeteilt werden.

Der im Klartext übermittelte Schlüssel sollte nicht der Transportschlüssel sein; denn auch der muß auswechselbar sein. Im Klartext zur Verfügung gestellt wird daher ein Master Key.

Ein gebräuchliches Verfahren, die im Klartext zu versendenden Schlüssel zu übermitteln, ist die Versendung von zwei oder mehr Teilen der Schlüssel in Klarschrift in versiegelten Umschlägen. Die einzelnen Teile werden dann von verschiedenen Personen, die zur Geheimhaltung der ihnen bekannten Informationen verpflichtet sind, in das System eingegeben. So bleibt dieser Schlüssel geheim.

Schlüssel erzeugen

DES-Schlüssel werden als Zufallszahlen erzeugt. Aus mathematischen Gründen sind die erzeugten Zufallszahlen daraufhin zu prüfen, ob sie als DES-Schlüssel geeignet sind. Solche nicht geeigneten Schlüssel werden als weak key oder semi weak key bezeichnet.

RSA-Schlüssel werden entsprechend den Eigenschaften des Algorithmus erzeugt. In diesem Buch wird darauf nicht näher eingegangen, weil eine Erklärung ohne streng mathematische Darstellung nicht möglich ist.

Schlüssel verteilen

Die Art der Schlüsselverteilung muß zwischen den Systemteilnehmern vereinbart werden. Geheime Schlüssel können verschlüsselt über Leitungen übertragen, unverschlüsselt und nur durch Berechtige auslesbar in Chipkarten oder verschlüsselt auf anderen Datenträgern zur Verfügung gestellt werden.

Öffentliche Schlüssel können,

- versehen mit einem Zertifikat übermittelt oder

- in einem öffentlichen Verzeichnis aufgeführt sein.

Das Zertifikat bzw. die öffentliche Darstellung der verwendeten öffentlichen Schlüssel ist erforderlich, weil sichergestellt sein muß, daß kein Mißbrauch möglich ist. Gäbe es das Zertifikat einer vertrauenswürdigen Stelle bzw. die öffentliche Liste von Schlüsseln nicht, sondern würde der öffentliche Schlüssel dem Nachrichten-Empfänger vom Sender der kryptografisch behandelten Nachricht zur Verfügung gestellt, könnte ein Betrüger vorgeben, berechtigter Systemteilnehmer zu sein.

Schlüssel speichern

Schlüssel dürfen nur im Klartext gespeichert werden, wenn es sich bei dem Speichermedium um eine sichere Hardware handelt, bei der von außerhalb der Hardware nicht auf die geheimen Schlüssel zugegriffen werden kann.

Werden die Schlüssel außerhalb von sicherer Hardware gespeichert, gilt dieselbe Regel wie für die Übertragung von geheimen Schlüsseln: Sie müssen verschlüsselt sein.

Schlüssel austauschen

Geheime Schlüssel sollen nur begrenzt verwendet werden. Angreifer könnten versuchen, sich Kenntnis über geheime Schlüssel zu verschaffen durch

- Berechnungsversuche aufgrund von Aufzeichnungen großer Datenmengen

- durch Ausspähen während der Übertragung oder Verarbeitung von geheimen Schlüsseln

Man kann niemals hundertprozentig sicher sein, daß es nicht gelingen kann, einen geheimen Schlüssel herauszufinden. Deshalb ist es erforderlich, Schlüssel prophylaktisch so häufig zu wechseln, daß ein Angreifer einen geheimen Schlüssel, der ihm bekannt geworden ist, nicht erfolgreich verwenden kann.

Selbstverständlich darf ein geheimer Schlüssel nicht weiter verwendet werden, wenn es Anhaltspunkte dafür gibt, daß versucht wurde, diesen Schlüssel zu ermitteln.

8.5   Schutz vor Wiedereinspielen von Nachrichten

Manipuliert werden kann ein System auch dadurch, daß versucht wird, eine Nachricht, die bereits einmal als gültige Nachricht im System verarbeitet wurde, nochmals einzuspielen. In einem System, in dem Zahlungen verarbeitet werden, könnte man auf diese Weise einen Kaufbetrag nochmals autorisieren oder nochmals registrieren lassen, obwohl gar kein weiterer Kauf zustande gekommen ist. Wie oft hintereinander das möglich wäre, hängt davon ab, wie das System ausgelegt ist, und welche Kontrollmechanismen wann greifen.

Solchen Wiedereinspielungen kann jede Chance auf Erfolg genommen werden. Alle bekannten Verfahren, solche Wiedereinspielungsversuche erkennbar zu machen, haben jedoch auch ihren Haken. Mit welcher Methode man am besten zurechtkommt, hängt vom Systemkonzept ab.

Die Zähler- und die Uhrzeit-Methode sind nur sinnvoll, wenn die Nachrichten mit einem MAC oder mit einer elektronischen Unterschrift abgesichert sind. Ohne eine solche kryptografische Absicherung könnte jemand, der manipuliert, Werte einsetzen, die bei der Prüfung akzeptiert werden.

Zähler-Methode

Jede Nachricht, die ein Endgerät sendet, muß einen Zähler enthalten, der bei jeder neuen Nachricht inkrementiert wird. Erhält eine Systemkomponente eine Nachricht, deren Zähler nicht höher ist als der der zuletzt von diesem Terminal erhaltenen Nachricht, kann diese Nachricht nicht korrekt sein. Diese Methode ist für zentrale Systeme besser geeignet als für dezentrale Systeme.

Das Datenelement, das den Zähler repräsentiert, muß so groß gewählt werden, daß es nicht zu einem Überlauf kommen kann. Tritt ein Überlauf auf, entsteht trotz Hochzählen ein kleinerer Zähler als der vorhergehende, weil die höchste Stelle des Zählers nicht mehr in das Format paßt und quasi abgeschnitten wird. Wählt man das Datenelement groß genug, treten keine Probleme auf, solange die Endgeräte funktionieren und im Einsatz bleiben.

Bild 8.14:
Austausch
von Geräten

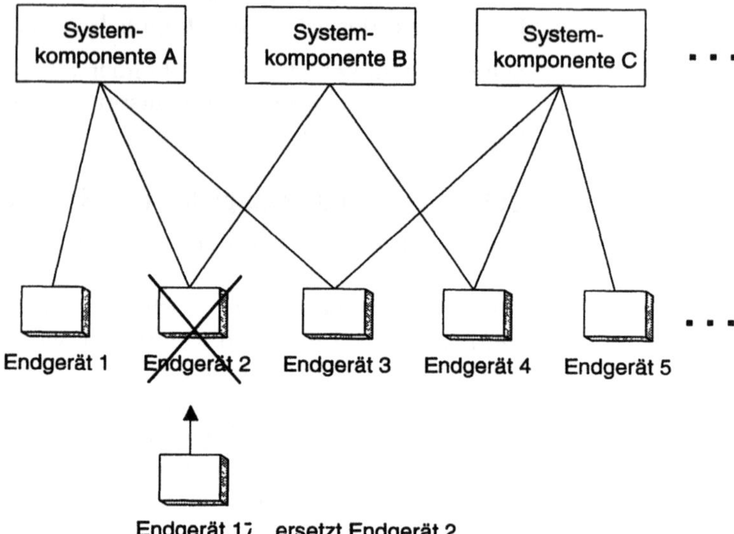

Bild 8.14 zeigt, wie in einem dezentralen System ein Endgerät gegen ein anderes ausgetauscht wird.

Muß ein Endgerät ausgetauscht werden, darf das Austauschgerät nicht unter derselben Identität, d. h. mit derselben Gerätenummer am System teilnehmen wie das zu ersetzende. Sonst würde die Bearbeitung der Nachrichten dieses Geräts von den Zielsystemen abgelehnt, weil der Zähler die Bedingung, daß er größer sein muß als der vorangegangene, nicht erfüllt. In einem zentralen System könnte man diese Problematik dadurch vermeiden, daß an jedem Gerät, das bisher nicht am System teilgenommen hat, vor der ersten Transaktion eine Initialisierung durchgeführt wird. In dezentralen Systemen, in dem Endgeräte mit verschiedenen Systemkomponenten kommunizieren, geht das nicht. Der organisatorische Aufwand für systemweite Initialisierungsprozeduren wäre recht hoch. Da nicht voraussehbar ist, welche Endgeräte mit welchen Systemkomponenten kommunizieren werden, würden Systemkomponenten Informationen über Endgeräte führen, mit denen möglicherweise niemals eine Kommunikationsverbindung bestehen wird. In den Systemkomponenten, die über die Transaktionen Aufzeichnungen führen müssen, um den Vergleich der Zähler durchführen zu können, würde mit jedem

Endgeräte-Austausch eine nie wieder genutzte Information, quasi eine Karteileiche, entstehen. Allerdings haben diese Systemkomponenten keine Anhaltspunkte dafür, welche Daten zu aktiven Endgeräten und welche zu bereits aus dem System eliminierten gehören.

<table>
<tr><td>**Bild 8.15:**
Zählertabelle</td><td colspan="2">**Beispiel einer Zählertabelle**</td></tr>
<tr><td></td><td>Endgerät 1</td><td>1234</td></tr>
<tr><td></td><td>Endgerät 2</td><td>5678</td></tr>
<tr><td></td><td>Endgerät 3</td><td>9012</td></tr>
<tr><td></td><td>Endgerät 4</td><td>3456</td></tr>
<tr><td></td><td>Endgerät 6</td><td>7890</td></tr>
<tr><td></td><td>...</td><td></td></tr>
<tr><td></td><td>Endgerät 17</td><td>0007</td></tr>
</table>

In der Tabelle (Bild 8.15) ist dargestellt, welche Dateieintragungen für die Zählerprüfung in einem Rechnersystem durchgeführt werden, wenn Endgerät 17 zum ersten Male mit dem Rechnersystem kommuniziert. Die bisherigen Einträge bleiben bestehen. Bei jedem Geräteaustausch wird die Datei größer.

Uhrzeit-Methode

Dieses Verfahren ist für zentrale und dezentrale Systeme gleichermaßen geeignet.

Anstelle eines Zählers werden Datum und Uhrzeit einschließlich der Angabe der Sekunden daraufhin geprüft, ob dieser Wert größer ist als der entsprechende Wert in der zuletzt von diesem Endgerät erhaltenen Nachricht.

Ein Austauschgerät kann im System die gleiche Identität haben wie das Gerät, das es ersetzt, weil ein Austauschgerät weiter mit der jeweils aktuellen Uhrzeit arbeitet.

MAC-Verknüpfung

Dieses Verfahren ist für zentrale Systeme besser geeignet als für dezentrale Systeme.

Um sicherzustellen, daß keine Nachricht zum wiederholten Male eingespielt werden kann, werden Nachrichten miteinander verknüpft. Wird in die MAC-Bildung einer Nachricht der MAC der vorherigen Nachricht einbezogen, unterscheidet sich der MAC einer Nachricht immer von dem MAC einer anderen Nachricht, selbst bei sonst identischen Daten.

Bild 8.16:
MAC-Verknüpfung

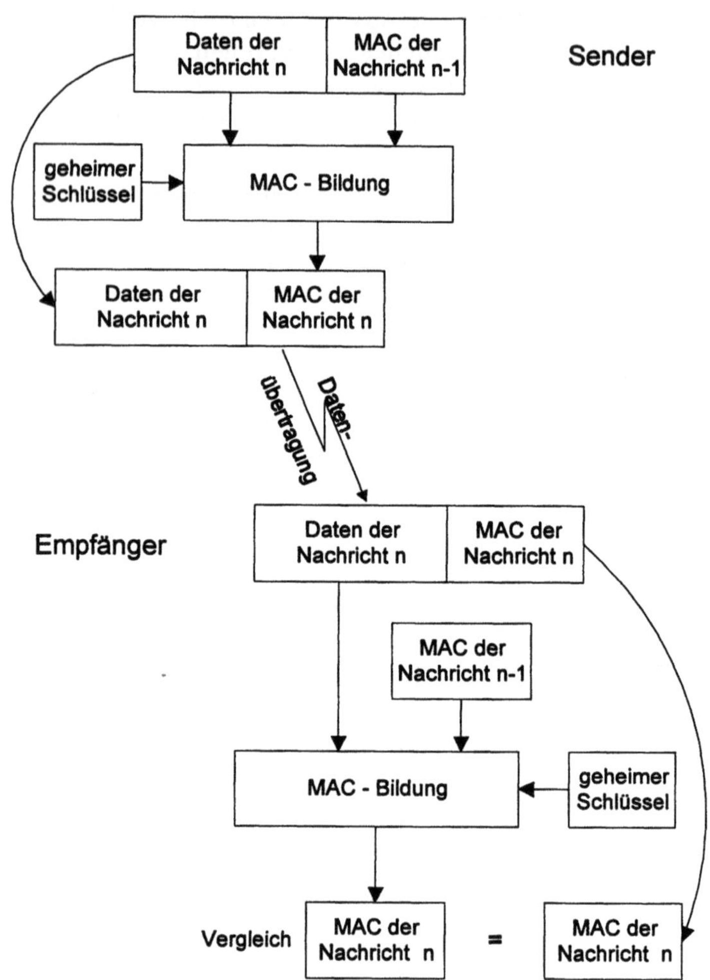

In Bild 8.16 ist dargestellt, daß der MAC der vorhergehenden Nachricht in die Bildung des neuen MAC eingeht. Das bedeutet, daß sowohl Sender als auch Empfänger den MAC einer Nachricht speichern müssen, bis die darauffolgende Nachricht verarbeitet ist.

Bei dieser Methode entsteht ein Synchronisationsproblem, wenn eine Nachricht bei einem der miteinander kommunizierenden Partner nicht oder nicht korrekt ankommt. Die Kette der Nachrichtenverknüpfung ist unterbrochen.

Schlüsselwechsel vor jeder neuen Nachricht

Wird jeweils vor der MAC-Bildung für eine neue Nachricht der Schlüssel gewechselt, kann eine bereits einmal vom Empfänger akzeptierte Nachricht nicht wieder eingespielt werden. Die identischen Daten der bereits vorher gesendeten und der nochmals gesendeten Daten müßten voneinander abweichende MACs haben, wenn ein anderer Schlüssel verwendet wird.

Bei dieser Methode ist das Schlüsselmanagement aufwendiger. Damit bei jeder Nachricht der Schlüssel gewechselt werden kann, müssen die Kommunikationspartner über einen Schlüsselpool verfügen. Aus diesem Pool wird nach dem Zufallsprinzip bei jeder MAC-Bildung ein Schlüssel ausgewählt. Welcher Schlüssel aus dem Pool jeweils gewählt wurde, muß dem Empfänger der Nachricht in der Nachricht mitgeteilt werden.

8.6   Mittel zur Identifikation des Karteninhabers

Bei einer vorbezahlten Chipkarte, wie zum Beispiel einer Telefonwertkarte oder einer Electronic Purse, spielt es keine Rolle, wer sie verwendet. Ebenso wie bei Bargeld hat niemand außer dem Eigentümer ein Interesse daran aufzupassen, daß die Karte nicht in falsche Hände gerät. Bei Karten, die nur zur Benutzung durch eine bestimmte Person ausgestellt wurden, wie z. B. Kredit- oder Debitkarten oder Chipkarten für Zutrittsschutzsysteme, muß jedoch verhindert werden, daß Unbefugte sie einsetzen können.

Der Karteninhaber muß sich deshalb gegenüber dem System als der rechtmäßige Benutzer ausweisen. Das System prüft das für diesen Benutzer festgelegte Identifikationsmerkmal auf seine Gültigkeit. Bei positivem Ergebnis dieser Prüfung, authentisiert das System den Karteninhaber. Dafür gibt es verschiedene Verfahren:

8.6.1   Unterschrift

Hier geht es um die handschriftliche Unterschrift und deren visuelle Prüfung. Die maschinelle Prüfung handschriftlicher Unterschriften wird im Abschnitt 8.6.3, „Biometrische Verfahren" und die digitale Signatur im Abschnitt 8.4.2, „Asymmetrische Algorithmen" behandelt.

Die visuelle Prüfung ist gebräuchlich und weit verbreitet. Sie wird beispielsweise bei Kreditkartensystemen weltweit angewandt. Nachteile dieses Identifikationsverfahrens sind:

- Die Prüfung wird sehr oft gar nicht durchgeführt.
- Das optische Erscheinungsbild einer handschriftlichen Unterschrift kann relativ leicht nachgeahmt werden.
- Das Verfahren ist für unbediente Geräte ungeeignet.

Aufgrund der Eigenschaften der Chipkarte, daß Informationen unauslesbar gespeichert werden und Programme im Chip ablaufen können, ist eine Identifikationsprüfung im Chip für Chipkarten sinnvoller.

8.6.2   PIN

Eine Personal Identification Number (PIN) ist einem Passwort gleichzusetzen. Durch die Kenntnis dieses geheimen Wertes weist sich der Benutzer gegenüber dem System als der rechtmäßige Benutzer aus. Der Zugang zum System und seinen Funktionen wird dem Benutzer erst nach erfolgreicher PIN-Prüfung ermöglicht.

Die meisten PINs sind vierstellig und rein numerisch. Bis zu fünf Ziffern kann man sich relativ leicht merken, und aufschreiben sollte man die PIN aus Sicherheitsgründen ja nicht. Bei jedem PIN-Verfahren sollten bestimmte Werte, auf die ein unrechtmäßiger Benutzer leicht kommen könnte, ausgeschlossen werden, wie z. B. der Wert 4711 oder die Daten des Geburtstages des Karteninhabers.

Um zu verhindern, daß ein unrechtmäßiger Benutzer die zu einer Karte gehörende PIN durch Ausprobieren herausfindet, sollte nur eine vordefinierte Anzahl von Versuchen, die richtige PIN einzugeben, zugelassen werden. Dafür wird ein PIN-Zähler geführt, der bei jedem Fehlversuch verändert wird. Ist die zulässige Zahl von Versuchen erreicht, kann die Karte nicht weiter verwendet werden.

Im Chip ist die PIN nicht auslesbar gespeichert. Die Prüfung der PIN kann deshalb im Chip erfolgen. Das heißt, daß für die PIN-Prüfung keine On-line-Verbindung aufgebaut zu werden braucht.

Die statische PIN

Gemeint ist damit, daß die PIN fest zu der Karte gehört und nicht verändert werden kann. Deswegen ist der Aufwand für die Geheimhaltung einer statischen PIN sehr groß. Ist die PIN einem Unbefugten bekannt geworden, kann unter Umständen erheblicher Schaden entstehen. Ist die Karte, zu der die PIN bekannt wurde, eine Magnetstreifen-Karte, kann die Karte beliebig oft dupliziert, und die Duplikate können unrechtmäßig eingesetzt werden. Bei der wesentlich fälschungssichereren Chipkarte geht das nicht. Auch wenn ein Betrüger echte Kartendaten kennt, kann er noch keine Chipkarte herstellen. Hat also einem Chipkarten-Benutzer jemand über die Schulter geschaut, der sich die PIN gemerkt haben könnte, kann der Karteninhaber trotzdem mit der Chipkarte weiterarbeiten, weil ein Betrüger ohne die Original-Chipkarte mit der PIN nichts anfangen kann.

Die frei wählbare PIN

Kann der Karteninhaber die PIN frei wählen, d. h. beliebig oft ändern, kann er sicher sein, daß niemand außer ihm die PIN kennt. Wahrscheinlich wird er sich eine PIN, die er selbst festgelegt hat, auch besser merken können als eine, die im System festgelegt und ihm bekanntgegeben wurde.

Für eine Hybridkarte, für die bei Magnetstreifenverarbeitung eine PIN erforderlich ist, ist es zweckmäßig, daß für die Chip-Verarbeitung dieselbe PIN vorgesehen wird. In diesem Falle auf die Vorteile der frei wählbaren PIN zu verzichten, erleichtert den Ablauf der Transaktion. Der wird so realisiert sein, daß der Karteninhaber nicht merkt, ob Magnetstreifen oder Chip verarbeitet wird. Wie sollte er da wissen, welche von zwei PINs er eingeben soll?

Eine frei wählbare PIN kann der Karteninhaber jederzeit ändern. Wenn er die Karte das erste Mal benutzt, wird eine Änderung von ihm erzwungen werden. Danach ist die Transport-PIN, die bei der Personalisierung in den Chip geschrieben wurde, nicht mehr gültig.

Natürlich kommt es vor, daß man sich beim Eingeben einer PIN vertippt, ohne es zu bemerken. Deshalb sollte für das Ändern der PIN das folgende Vorgehen vorgesehen werden:

1. Eingeben der gültigen PIN

2. Eingeben der neuen PIN

3. Nochmaliges Eingeben der neuen PIN

Nur wenn die neue PIN beide Male identisch eingegeben wurde, wird sie gespeichert.

8.6.3   Biometrische Verfahren

Mit der Eingabe einer PIN identifiziert sich der Kartenbenutzer mit einem Wert, den er weiß. Unrechtmäßigerweise könnte diesen Wert auch jemand anderer als der rechtmäßige Karteninhaber wissen und mißbräuchlich benutzen. Deshalb ist es ein sicherer Weg, die Identifikation des Karteninhabers von einem Merkmal abhängig zu machen, das ihm individuell und unveränderlich zu eigen ist. Dieses Merkmal muß bestimmte Eigenschaften haben, damit es als Identifikationsmerkmal für Chipkartensysteme verwendet werden kann:

- Das Merkmal soll sich über längere Zeiträume wenig verändern.

- Es darf nur sehr schwer zu fälschen bzw. nachzuahmen sein.

- Es muß mit geeigneten Geräten ohne weiteres meßbar sein.

- Die Beurteilung, ob das echte Merkmal gemessen wurde, muß sehr sicher sein.

  Das ist für die biometrischen Verfahren bisher nicht der Fall. Der Anteil der Fälle, in denen ein echtes Merkmal für falsch gehalten wird – bezeichnet als false reject rate – und der Anteil der Fälle, in denen ein falsches Merkmal für echt gehalten wird – bezeichnet als false accept rate – liegt zwar nicht sehr hoch. Je nach Verfahren und der Art der technischen Realisierung kann der Anteil solcher Fälle ca. 3 % betragen. Die Anzahl dieser Fehl-Erkennungen würde jedoch in einem System im Masseneinsatz zu einer beträchtlichen Anzahl von Schäden oder Reklamationen und Verärgerung auf seiten der Kunden und Benutzer führen.

- Um eine Verbindung des Prüfgerätes mit einem Rechnersystem überflüssig zu machen, muß es in digitalisierter Form im Chip gespeichert werden können.

Als biometrische Merkmale zur Identifikationsprüfung in Chipkartensystemen kommen aufgrund dieser Anforderungen grundsätzlich eine Reihe von individuellen Anlagen des Menschen in Frage.

Fingerabdruck

Fingerabdrücke sind absolut indivuell und deshalb in der Kriminalistik ein seit langem bewährtes Mittel des Identitätsbeweises. Leider kann man nicht ausschließen, daß Fingerabdrücke, z. B. als Identifikationsmittel am Geldautomaten, gefälscht werden. Mit Prüfungen, die zusätzlich zum Muster des Abdrucks Werte wie die Temperatur und den Säuregehalt der Oberfläche messen, kann man feststellen, ob der Abdruck vom lebenden Menschen, also dem rechtmäßigen Karteninhaber, stammt. Für eine Durchführung solcher Prüfungen an Geldautomaten sind diese Verfahren aber zu aufwendig.

Unterschriftsdynamik

Das Erscheinungsbild einer Unterschrift kann ein geübter Fälscher unter Umständen so gut nachahmen, daß es von der echten Unterschrift kaum zu unterscheiden ist. Die Art und Weise, wie die Unterschrift gegeben wird, ist allerdings vollkommen individuell. Niemand kann die Geschwindigkeit, die Stärke des Aufdrückens, die Pausen innerhalb des Schriftzuges nachahmen. Werden die entsprechenden Werte gemessen und gespeichert, kann man bei einer zu leistenden Unterschrift die Werte wiederum messen und mit den gespeicherten vergleichen.

Retina-Erkennung

Die Netzhaut des menschlichen Auges ist ebenfalls so individuell, daß ihre Merkmale zur Identitätsprüfung geeignet sind. Die Apparatur für die Prüfung ist allerdings aufwendig, und die Prüfung erfordert einen gewissen Zeitaufwand. Für den Einsatz in Massensystemen ist sie deshalb nicht geeignet.

Stimmerkennung

Die Individualität der menschlichen Stimme läßt bei Verwendung moderner Prüfmethoden eine sichere Identifikation zu. Allerdings sind diese Verfahren bisher zu aufwendig, vor allem zu zeitaufwendig, um sie in Massensystemen verwenden zu können.

Schritterkennung

Auch die Schrittfolge eines Menschen ist so individuell, daß kein anderer sie genau nachahmen kann. In Massensystemen, d. h. an belebten Plätzen ist diese Prüfung jedoch wegen des Platzbedarfs nicht durchzuführen.

8.7   Black Lists und Hot Card Files

Black Lists, auch als Sperrdateien bezeichnet, enthalten Informationen über die Karten eines Systems, die als gestohlen oder verloren gemeldet wurden. Diese gesperrten Karten dürfen nicht mehr verwendet werden. Aus Sicherheitsgründen darf die Sperre für eine einmal gesperrte Karte nicht wieder aufgehoben werden. Wenn das möglich wäre, könnte man nicht ausschließen, daß Kartensperren mißbräuchlich wieder gelöscht würden.

Bei Kartensystemen, bei denen ausschließlich oder vorwiegend On-line-Anwendungen vorgesehen sind, wird es vielfach als Vorteil betrachtet, wenn man die Dateien mit den Informationen über gesperrte Karten im Endgerät speichern könnte. Dann könnte man sich für den Fall, daß versucht wird, eine gesperrte Karte einzusetzen, den Aufbau der On-line-Verbindung sparen. Die Speicherkapazität von Endgeräten wird aber nicht ohne weiteres für entsprechend große Datenmengen geeignet sein.

Manche gesperrten Karten, vorwiegend solche, die den rechtmäßigen Karteninhabern gestohlen worden sind, werden sehr intensiv für Betrugsversuche eingesetzt. An manchen Kassen im Einzelhandel kleben Zettel mit den Nummern wirklich „heißer" Kreditkarten. Die Information über die sogenannten hot cards vor Ort zu haben, wünscht man sich also offensichtlich.

Problematisch ist dabei, daß die Gauner meistens recht kenntnisreich sind. So werden z. B. Kreditkarten in den ersten ein bis zwei Stunden, nachdem sie gestohlen wurden, für Betrügereien eingesetzt und dann einige Zeit nicht mehr. In so kurzer Zeit wird es in aller Regel aber nicht gelingen, eine große Zahl von Endgeräten mit aktuellen Informationen über gestohlene Karten zu versorgen.

Ist der Teilnehmerkreis des Systems nicht sehr groß und wird eine überschaubare Zahl von Endgeräten verwendet, wie es z. B. bei Zutrittsschutzsystemen der Fall ist, kann das Laden von Sperrdaten in die Endgeräte jedoch der richtige Weg sein. Wird in einem solchen System jemandem, der bisher Zutritt hatte, die Zutrittsberechtigung entzogen, ohne daß der Betreffende die Karte zurückgibt, muß es trotzdem die Möglichkeit geben, ihm den Zutritt zu verweigern. Das ist möglich, indem die entsprechenden Kartendaten unverzüglich in die Endgeräte geladen werden oder indem bei jeder Transaktion eine On-line-Verbindung zum Rechnersystem aufgebaut wird. Die On-line-Anbindung ist jedenfalls unbedingt erforderlich.

Auch in Systemen, bei denen die Karten gar keine individuellen Kartennummern haben, gibt es die Möglichkeit, Kartennummern zu sperren. Vorbezahlte Telefonkarten haben beispielsweise Seriennummern, d. h. jeweils 100 Karten sind mit derselben Nummer gekennzeichnet. Wird also für eine Kartennummer im System eine Sperre eingetragen, sind damit 100 Karten ungültig.

Ein großer Vorteil von Chipkarten ist ja, daß sie für offline Transaktionen, d. h. ohne Verbindung zu einem Computer-System, in dem die entsprechenden Kartendaten gespeichert sind, eingesetzt werden können. Dann müssen andere Maßnahmen als die Abfrage der gespeicherten Karteninformationen vor Mißbrauchsrisiken schützen.

8.8   Echtheitsmerkmale auf der Karte

Bevor es Chipkarten gab, wurden verschiedene technische Konzepte entwickelt mit dem Ziel, die Möglichkeiten des Kartenbetrugs einzuschränken. Bei einer Chipkartenanwendung werden die für Magnetstreifen entwickelten, maschinell prüfbaren Echtheitsmerkmale nicht benötigt, es sei denn, es handelt sich um eine Hybridkarte.

MM-Verfahren

Weil das MM-Verfahren im Auftrage des deutschen Kreditgewerbes entwickelt wurde, ist es nicht frei am Markt verfügbar. Wird das MM-Verfahren eingesetzt, kann geprüft werden, ob der Magnetstreifen sich auf der echten Karte befindet und die in das MM-Verfahren einbezogenen Daten authentisch sind.

In Bild 8.17 ist das Verfahren der MM-Prüfung schematisch dargestellt. Der Geheimwert, der für die MM-Prüfung auf der zweituntersten Lage der Karte gelesen wird, kann nur mit speziellen Sensoren ermittelt werden. Stimmt der während der MM-Prüfung erzeugte Prüfwert mit dem Prüfwert auf der Karte überein, ist die Karte echt, und die einbezogenen Daten sind unverfälscht. Stimmen der erzeugte und der auf dem Magnetstreifen gespeicherte Prüfwert nicht überein, wird die Transaktion nicht durchgeführt.

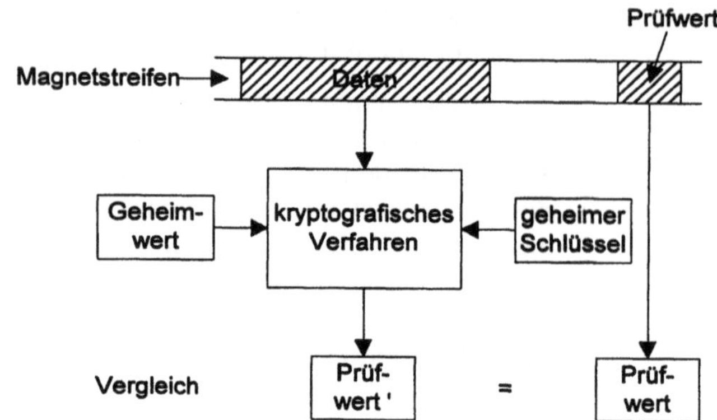

EMI Watermark-Verfahren

Für die Echtheitsprüfung nach dem EMI Watermark-Verfahren ist
ein besonderer Lesekopf erforderlich, mit dem der Bitstrom erzeugt wird, der sich mit dem Lesen definierter Stellen der ausge-
richteten Magnetpartikel erzeugen läßt. Während der Prüfung
wird der Prüfwert nach demselben Verfahren gebildet wie während der Personalisierung. Stimmt der ermittelte Prüfwert mit
dem auf dem Magnetstreifen gespeicherten überein, ist die Karte
in Ordnung. Eine Kartenfälschung, bei der die Daten einer echten Karte auf ein Duplikat kopiert sind, würde bei dieser Prüfung erkannt.

8.9   Sicherheitskomponenten auf der Karte

Bei einer Chipkartenanwendung wird die Prüfung der Echtheit
und Gültigkeit einer Karte durch die Chipanwendung automatisch durchgeführt. Eine visuelle Prüfung der Karte ist nicht erforderlich.

In oder auf den Kartenkörper können verschiedene Elemente
gebracht werden, die bei visueller Prüfung der Karte Anhaltspunkte dafür bieten, ob die Karte echt ist. Wirksam sind solche
Elemente natürlich nur dann, wenn das Personal, das die Karte
in die Hand bekommt, sorgfältige Prüfungen durchführt. Das ist
durchaus nicht immer der Fall. Es ist schwierig, alle Personen,
die Kartenprüfungen durchführen sollen, präzise und umfassend
darüber zu informieren, was sie prüfen sollen.

Fluoreszenz

Die aufgedruckten, fluoreszierenden Spezialfarben können nur mit ultraviolettem Licht sichtbar gemacht werden. Karten, bei denen der entsprechende Effekt fehlt, werden als falsch erkannt. Fälscher machen sich nicht die Mühe, den fluoreszierenden Druck nachzuahmen.

Für die Fluoreszenz-Prüfungen werden an jedem Platz, an dem Karten geprüft werden sollen, spezielle Geräte benötigt. Sie werden zusätzlich zu den ansonsten für die Kartenbearbeitung vorgesehenen Geräten gebraucht. Die Handhabung der Karte wird dadurch umständlicher und zeitaufwendiger.

Foto

Die Lichtbildprüfung ist international als Prüfung der Identität des Karteninhabers bei Paß- und Ausweisprüfungen seit langem üblich.

Wird das Foto in die Karte mit dem Laserverfahren eingebracht, ist zu erkennen, wenn versucht wurde, das Foto durch Ablösen einzelner Schichten der laminierten Karte zu fälschen. Das mit Lasergravur eingebrachte Bild ist in allen Schichten der Karte vorhanden.

Gültigkeitsdaten

Die Gültigkeitsdaten benennen den Zeitraum, in dem die Karte gültig ist. Das Verfallsdatum gibt an, nach welchem Datum die Karte nicht mehr akzeptiert werden darf.

Durch die Angabe von Gültigkeits- bzw. Verfallsdaten soll sichergestellt werden, daß mißbräuchlich eingesetzte Karten, wenn alle anderen Maßnahmen zur Verhinderung des Mißbrauchs nicht ausreichend wirksam sind, nach einer bestimmten Zeit nicht mehr im System bearbeitet werden können.

Ist nur das Verfallsdatum auf der Karte angegeben, so sind für den Zeitraum, in dem der Karteninhaber die neue Karte bereits erhalten hat, das Verfallsdatum aber noch nicht errreicht ist, zwei Karten gültig.

Hologramm

Hologramme sind keine sehr sicheren Merkmale zur Unterscheidung einer echten Karte von einer falschen. Es ist möglich, ein Hologramm von einer Karte zu lösen bzw. ein echtes Hologramm auf einer falschen Karte anzubringen.

Lasergravur

Mit Lasergravur versehene Karten lassen sich nicht durch Lösen der einzelnen Schichten laminierter Karten voneinander fälschen. Die Informationen, die mit Lasergravur in die Karte gebracht wurden, sind in allen Kartenschichten vorhanden.

Eine Lasergravur, bei der die Kartenoberfläche nicht angegriffen wird, kann durch Bedrucken unter Umständen so nachgeahmt werden, daß diese Fälschung von dem Personal, das die Karte prüft, nicht immer erkannt wird. Ist die Kartenoberfläche durch das Lasergravur-Verfahren verändert, kann ein Fälschungsversuch leicht bemerkt werden. Die tastbare Veränderung, die mit dem Lasergravur-Verfahren bewirkt wird, kann mit einem Druckverfahren nicht erzeugt werden.

9 Rechtsfragen

In diesem Kapitel werden Rechtsfragen behandelt, soweit sie für die Realisierung von Chipkarten-Systemen relevant sind. Allerdings geht es hier nicht um die juristische Sicht, sondern lediglich darum, welche Regelkreise zu bedenken und welche Arten von Vereinbarungen zu treffen sind.

9.1 Datenschutz

In Deutschland werden Fragen des Datenschutzes im Zusammenhang mit Chipkarten häufig diskutiert. Deutschland hat im Vergleich mit anderen Ländern ein besonders umfassendes Datenschutzgesetz. Außer in Deutschland bestehen Datenschutzgesetze in Dänemark, Frankreich, Kanada, Neuseeland, Norwegen, Österreich und Schweden. Die übrigen Staaten verzichten ganz oder teilweise auf generelle materielle Vorschriften, die die Zulässigkeit der Verarbeitung personenbezogener Daten regeln. Seit Jahren arbeiten jedoch die zuständigen Gremien der Europäischen Union an einer EG-Datenschutzrichtlinie. Am 20. Februar 1995 hat der Rat für Wirtschafts- und Finanzfragen den gemeinsamen Standpunkt zur Richtlinie verabschiedet. Das ist ein wichtiger Schritt in Richtung eines harmonisierten europäischen Datenschutzes.

In Deutschland sind die Regelungen zum Datenschutz im Bundesdatenschutzgesetz und in den Landesdatenschutzgesetzen festgelegt. Für öffentliche Stellen der Länder sind die Länderdatenschutzgesetze, für öffentliche Stellen des Bundes ist das Bundesdatenschutzgesetz anzuwenden. Im privaten, nichtöffentlichen Bereich gilt grundsätzlich das Bundesdatenschutzgesetz.

Die Datenschutzgesetze regeln das Recht des einzelnen auf informationelle Selbstbestimmung. Das Bundesverfassungsgericht hat in seinem Urteil vom 15. 12. 1983 (1 BvR 209/83 - NJW 1984, 419) zum Gesetz über eine Volks-, Berufs-, Wohnungs- und Arbeitsstättenzählung das Recht auf informationelle Selbstbestimmung mit folgenden Worten begründet: „Unter den Bedingungen der modernen Datenverarbeitung wird der Schutz des einzelnen gegen unbegrenzte Erhebung, Speicherung, Verwendung und Weitergabe seiner personenbezogenen Daten von dem allgemeinen Persönlichkeitsrecht des Art. 2 I in Verbindung mit Art. 1 I GG umfaßt. Das Grundrecht gewährleistet insoweit die Befugnis des einzelnen, grundsätzlich selbst über die Preisgabe und Verwendung seiner persönlichen Daten zu bestimmen."

Zu zwei wichtigen Anwendungsgebieten von Chipkarten, dem Gesundheitswesen und elektronischen Geldbörsen, sind in den Konferezen der Datenschutzbeauftragten des Bundes und der Länder am 13. 10. 1995 bzw. 9./10. 11. 1995 Entschließungen ergangen.

Übergeordnete Interessen wie die Kriminalitätsbekämpfung können einer strikten Einhaltung der Datenschutzbestimmungen entgegenstehen. So wird ein wachsender Überwachungsbedarf elektronischer Kommunikationsvorgänge rechtspolitisch auf die Tatbestandskomplexe

- Terrorismus
- Organisierte Kriminalität
- Geldwäsche
- Landesverrat/Spionage
- anderweitige schwere Gewaltverbrechen

gestützt.

Die Polizei will von verdächtigen Funktelefonbenutzern verstärkt Bewegungsprofile erstellen. Technisch ist das möglich. Beispielsweise wurden, wie die Zeitschrift „DER SPIEGEL" berichtete, im Juni 1995 in Hessen schwerbewaffnete Verbrecher festgenommen, die serienweise Supermärkte überfallen hatten. Der Zugriff der Polizei wurde möglich aufgrund der Standortbestimmung des von den Tätern benutzten Mobilfunkgeräts.

Daß der Datenschutz gerade in Deutschland so im Mittelpunkt des Interesses steht, hat möglicherweise seine Ursache auch darin, daß Deutsche in der jüngeren Vergangenheit schlimme Erfahrungen mit den Überwachungsmechanismen totalitärer Regime machen mußten.

Aber nicht nur vor staatlichen Übergriffen auf Persönlichkeitsrechte fürchtet man sich.

Sicher zu Recht warnen Datenschützer vor den Mißbrauchsmöglichkeiten einer allgemeinen Gesundheitskarte. Gäbe es für jeden Bürger eine solche Karte, in der die Informationen über seine persönliche Krankheitsgeschichte gespeichert wären, wäre es kaum möglich, Nachteile für den Karteninhaber auszuschließen.

Das Szenario, das in diesem Zusammenhang immer wieder beschrieben wurde, daß ein Bewerber von einem potentiellen Arbeitgeber nach dieser Gesundheitskarte gefragt wird, ist tatsächlich eine Falle für den Karteninhaber. Natürlich ist es technisch möglich, den Zugriff Unberechtigter auf Daten zu verhindern. Ist der Bewerber jedoch nicht bereit, den gewünschten Einblick zu gewähren, und das wäre sein gutes Recht, würde er möglicherweise wegen dieser Weigerung den Arbeitsplatz nicht bekommen. In Zeiten knapper Arbeitsplätze wirklich eine fatale Situation.

In Deutschland sind aufgrund der strengen Datenschutzbestimmungen aber auch Vorgehensweisen in Frage gestellt, die z. B. in Amerika ganz üblich sind und auch von allen Betroffenen gutgeheißen werden. Wenn ein Handelsunternehmen die Kundendaten, über die es aufgrund von Kundenkartensystemen verfügt, dazu benutzt, über seine Waren- und Sonderangebote zielgruppengerecht zu informieren, so ist das für Amerikaner völlig normal. Der Gedanke, z. B. Wegwerfwindeln aufgrund der im Handelsunternehmen vorliegenden Informationen gezielt jungen Müttern anzubieten, geht für deutsche Datenschützer schon zu weit. Für solche Aktionen ist nach deutschen Vorstellungen die vorherige Zustimmung der betroffenen Personen erforderlich.

Die Vorstellungen und Verhaltensweisen der Verbraucher sind im Zusammenhang mit dem Datenschutz auch in Deutschland nicht immer eindeutig. Zwar wird für neue Kartensysteme immer der bestmögliche Verbraucherschutz gefordert. Für elektronische Geldbörsen bringt das immer die Forderung nach Anonymität der Zahlungen mit sich. Das Bedürfnis, bei ihrem Zahlungsverhalten anonym zu bleiben, ist bei Kreditkarteninhabern jedoch offensichtlich nicht immer sehr ausgeprägt. Ein besonders häufiges Einsatzgebiet für Kreditkarten ist nämlich von jeher das Rotlichtmilieu, und eine Kreditkartenzahlung ist nun einmal nicht anonym.

9.2   Eigentumsrechte

Wer sich eine Telefonwertkarte kauft, hat Eigentum erworben. Er kann sie weiterveräußern, z. B. an einen Sammler.

Bei personenbezogenen Karten liegen die Dinge anders. Für solche Karten muß der Interessent einen Kartenantrag stellen. Er kann sie nicht einfach bestellen wie eine Ware, die bei Bezahlung in sein Eigentum übergeht.

In den EUROCARD-Bedingungen ist z. B. ausdrücklich festgelegt „Die EUROCARD bleibt im Eigentum des Kreditinstituts."

Auf den Karten selbst, z. B. auch auf der American Express-Karte, aber auch auf der EUROCARD, ist teilweise der Hinweis aufgedruckt „This card is the property of the issuer ..." oder „This card is the property of the ... Bank.".

Der Kartenausgeber räumt dem Karteninhaber nur Nutzungsrechte ein und bestimmt deren Umfang und zeitliche Dauer. Bei der Benutzung von Zahlungskarten gehen sowohl der Kartenemittent als auch der Karteninhaber Zahlungsverpflichtungen ein. Der Kartenemittent beabsichtigt, mit der Festlegung der Nutzungsbedingungen sein Risiko einzuschränken, für den Fall, daß er den Verpflichtungen nachkommen muß, das Geld aber bei dem ihm gegenüber zahlungspflichtigen Karteninhaber nicht eintreiben kann.

9.3   Nutzungsrechte

Zahlungskarten kann der Karteninhaber nicht ohne Einschränkung so einsetzen, wie es ihm gefällt. Weil der Emittent im Rahmen des Karteneinsatzes ebenfalls Verpflichtungen eingeht, hat er ein Interesse, das mit diesen Verpflichtungen verbundene Risiko kleinzuhalten. Deshalb legt er fest, in welchem Umfang der Karteninhaber die Karte verwenden darf.

Auf der American Express-Karte ist beispielsweise der Hinweis „Die Benutzung unterliegt den Allgemeinen Geschäftsbedingungen von American Express International, Inc." aufgedruckt.

Ein anderes Beispiel dafür, daß der Emittent bestimmt, wie die Karte benutzt wird, ist in den ec-Kartenbedingungen zu finden. Bezahlt ein eurocheque-Karteninhaber mit dieser Debit-Karte, kann er nicht davon ausgehen, daß er über alles Geld verfügen kann, das er auf dem Konto hat. Ebenso wenig kann er sein gesamtes Guthaben am Geldautomaten abheben. Er kann die ec-

Karte nur innerhalb eines von der Bank festgelegten Verfügungsrahmens einsetzen.

9.4   Haftung

Die besten Möglichkeiten vorzubeugen, daß in einem Chipkartensystem keine Schadensfälle entstehen, hat natürlich der Systembetreiber. Er wird das System so auslegen, daß Möglichkeiten unrechtmäßiger Nutzung so weit wie irgend möglich eingeschränkt und eventuelle Manipulationsversuche erkennbar gemacht werden.

Der Karteninhaber ist für die Systemsicherheit mitverantwortlich: So ist z. B. sowohl in den eurocheque- als auch in den EUROCARD-Bedingungen festgelegt, daß der Karteninhaber im Rahmen seiner Sorgfaltspflicht die Karte sicher aufbewahren, die PIN geheimhalten und bei Verlust der Karte unverzüglich seine Bank benachrichtigen muß.

Die Haftung für Schadensfälle, die trotzdem – möglicherweise mitverursacht durch Unvorsichtigkeit der Karteninhaber – auftreten, muß geregelt werden.

Sowohl im eurocheque-Karten-System als auch in den Kreditkartensystemen ist eine Mithaftung des Karteninhabers festgelegt. Diese Mithaftung ist unterschiedlich definiert. Schäden, die auftreten, nachdem der Karteninhaber den Verlust der Karte gemeldet hat, übernimmt im eurocheque-System und im EUROCARD-System grundsätzlich die Bank.

Für Schäden, die nach der Verlustmeldung entstehen, bestimmt sich bei mißbräuchlicher Verwendung der ec-Karte an ec-Geldautomaten und automatisierten Kassen nach den Grundsätzen des Mitverschuldens, in welchem Umfang Bank und Kontoinhaber den Schaden zu tragen haben. Schon bei leichter Fahrlässigkeit kann der Karteninhaber für 10 % der Schadenssumme haftbar gemacht werden.

Bei Schäden, die durch mißbräuchliche Verwendung der EUROCARD entstehen, bevor der Kartenverlust gemeldet wurde, haftet der Karteninhaber in Deutschland bis zu einem Betrag von DM 100,-.

9.5

Rechtliche Relevanz digitaler Signaturen

Die rechtliche Bedeutung von handschriftlichen eigenhändigen Unterschriften ist seit langem geregelt. Handschriftliche Unterschriften spielen seit langer Zeit eine große Rolle bei allen Rechtsgeschäften. Werden gesetzliche oder vereinbarte Formvorschriften nicht eingehalten, so ist – zumindest nach deutschem Recht (§ 125 BGB) – das nicht formgerecht vollzogene Rechtsgeschäft nichtig.

Gesetzliche Regelungen, die den Fälschungsrisiken einer elektronischen Datenübermittlung gerecht werden und die Eigenschaften elektronischer Unterschriften ausreichend berücksichtigen, gibt es bisher nicht.

Da das bereits erreichte Ausmaß der elektronischen Speicherung und Übertragung von Daten die Verwendung von elektronischen Unterschriften jedoch zwingend erforderlich macht, ist in Deutschland ein Gesetz in Vorbereitung, das die Rechtsgültigkeit elektronischer Unterschriften regelt.

Weltweit gibt es ständig neue Chipkartenprojekte. Während dieses Buch entstand, sind eine ganze Reihe weiterer Projekte hinzugekommen. Einige Systeme sind zur Zeit in Vorbereitung. Über ihren weiteren Verlauf kann aber noch nichts ausgesagt werden. Deshalb sind sie hier nicht mit aufgeführt. Diese Zusammenstellung kann also keinen Anspruch auf Vollständigkeit erheben. Vor allen Dingen soll hier die Verschiedenartigkeit der Einsatzgebiete aufgezeigt werden.

Fast alle Chipkarten haben in irgendeiner Weise eine Zahlungsfunktion. Deshalb ist eine Strukturierung nach Anwendungsgebieten schwierig. In diesem Kapitel wurden die Kartensysteme entsprechend ihrer wichtigsten Funktion zugeordnet, bzw. nach ihrer ersten Funktion oder nach der Branche, zu der ihre Herausgeber gehören.

Chipkarten werden für eine Reihe weiterer Anwendungen benutzt, die in diesem Kapitel nicht detailliert beschrieben worden sind, weil sie bisher keine große Bedeutung haben oder nur für einen regional begrenzten Einsatz konzipiert sind.

Über die in diesem Kapitel beschriebenen Chipkarten-Anwendungen hinaus gibt es Chipkarten für die folgenden Einsatzgebiete:

- Vorbezahlung der Gasversorgung
- Kauf von Kinokarten
- Skipässe
- Food Stamps
- Zahlungsmittel in Ferienclubs und auf Kreuzfahrtschiffen

und weitere

Ist in der folgenden Beschreibung kein Hinweis auf die Art der Kontaktierung vorhanden, handelt es sich um Karten mit Kontakten. Sind kontaktlose Karten im Einsatz, wird das erwähnt.

1 Öffentliche Systeme

Unter öffentlichen oder offenen Systemen versteht man Systeme, an denen jeder Interessent teilnehmen kann. Der Personenkreis, der Zugang zu öffentlichen Systemen hat, ist nicht eingeschränkt.

1.1 Telekommunikation

Im Bereich der Telekommunikation sind Chipkarten als vorbezahlte Karten für öffentliche Telefone, als Karten für Mobilfunkgeräte, für öffentliche Bildschirmtext-Terminals und für öffentliche Faxgeräte im Einsatz. Sie sind als vorbezahlte Karten oder als Buchungskarten erhältlich, bei denen die für die Inanspruchnahme des Fernsprechnetzes von öffentlichen Geräten aus anfallende Gebühr per monatlicher Rechnungstellung erhoben wird.

1.1.1 Münzersatz für öffentliche Fernsprecher

Nachdem ab Mitte der 80er Jahre nacheinander Frankreich und Deutschland Telefonchipkarten eingeführt haben, entschieden sich Anfang der 90er Jahre zahlreiche weitere Länder für diese Telefonkarten-Technik, wie Bild A1.1 zeigt.

Bild A1.1:
Länder mit
Chipkarten-Telefonen

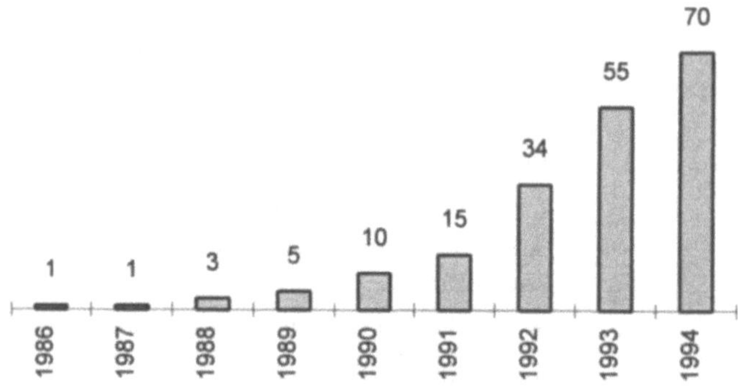

In Frankreich wurde das erste Telefon-Chipkarten-System installiert. Deshalb erscheinen die Daten über den französischen Telefonkartenmarkt hier an erster Stelle, siehe Bild A1.2. Die Entscheidung für Chipkarten fiel in Frankreich 1985 nach Prüfung verschiedener Alternativen wie Magnetstreifenkarten und optisch codierte Karten.

Bild A1.2:
Telefon-Chipkarten in
Frankreich
(Millionen Stück)

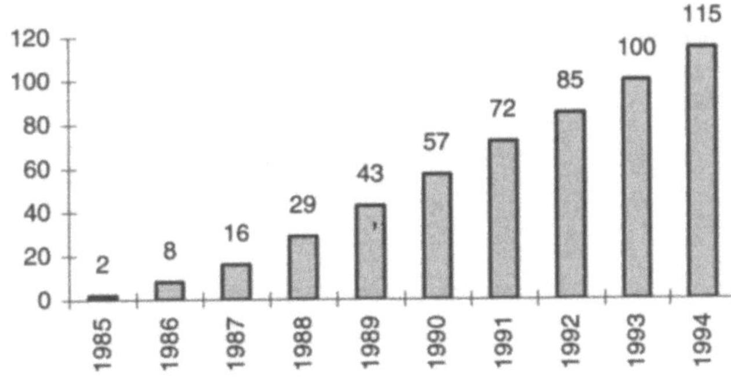

Die Zahl der vorbezahlten Telefonchipkarten stieg inzwischen auf über 115 Millionen Stück im Jahr. In Frankreich sind die vorbezahlten Telefonkarten, ebenso wie in Deutschland, Wegwerfkarten.

Ca. 1 Million Telefonbuchungskarten, die in Frankreich als Carte Pastel bezeichnet werden, sind im Einsatz.

In Frankreich gibt es inzwischen ca. 120.000 öffentliche Telefone, an denen man mit Karten telefonieren kann.

Die ca. 5 Millionen französischen Minitel, mit denen man verschiedene on line Dienste nutzen kann, sollen künftig auch über Chipkarten zugänglich sein.

In Deutschland ging der nationalen Einführung der Telefonchipkarte, ebenso wie in Frankreich, eine Erprobungsphase voraus. Ab 1983 wurden in vier verschiedenen Testgebieten neben Chipkarten optisch codierte Karten und Magnetstreifenkarten getestet. 1986 begann der bundesweite Feldversuch mit Chipkarten.

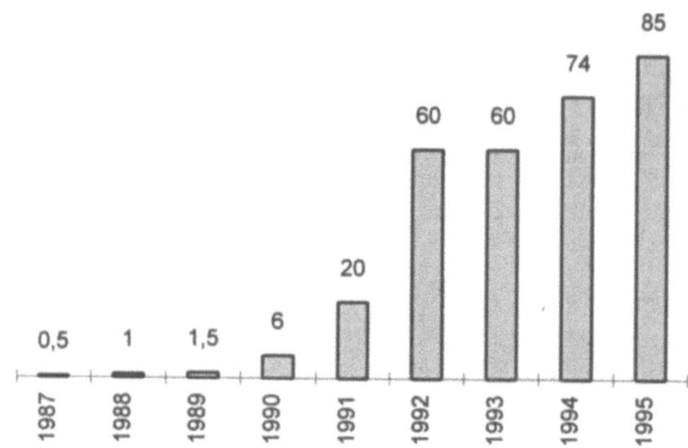

Bild A1.3:
Telefon-Chipkarten in
Deutschland
(Millionen Stück)

Die Zahl der vorbezahlten Telefonchipkarten, Wegwerfkarten wie in Frankreich, liegt – wie in Bild A1.3 dargestellt – in Deutschland inzwischen bei ca. 85 Millionen Stück pro Jahr. Die in Bild A1.3 wiedergegebenen Stückzahlen beziehen sich auf die Karten, die die Telekom bei ihren Lieferanten in dem betreffenden Jahr bezogen hat.

Ca. 83.000 Kartentelefone sind 1995 in Deutschland in Betrieb.

Die Anzahl der Telefonbuchungskarten, mit denen dieselben Dienste genutzt werden können wie mit der vorbezahlten Telefonkarte, liegt in Deutschland zur Zeit bei ca. 1,3 Millionen insgesamt. Davon sind ca. 250.000 T-Cards mit Chip. Die übrigen sind in C-Tel Karten oder AirPlus-Karten, in die die entsprechende Funktion bzw. der entsprechende Chip integriert ist.

1.1.2   Mobilfunkkarten

Nationale Mobilfunksysteme gibt es seit vielen Jahren. Allerdings waren sie nur innerhalb eines bestimmten Gebietes verwendbar. Verläßt man dieses Gebiet, muß man ein anderes Mobiltelefon benutzen, ist unter einer anderen Nummer zu erreichen und muß eine andere Rechnung bezahlen.

In Deutschland ist C-Tel, früher als C-Netz bezeichnet, ein solches nationales Mobilfunknetz. Es ist seit 1984 in Betrieb und hat zur Zeit knapp 700.000 Teilnehmer.

Mit dem GSM-Standard existiert nun für fast alle europäischen Länder ein einheitlicher Mobilfunkstandard. Mehr als 100 Netzbetreiber in 60 Ländern auf vier Kontinenten haben sich bisher für diesen Standard entschieden. Bereits heute kann man in über 20 Ländern innerhalb und außerhalb Europas auf der Basis dieses Standards mobil telefonieren. In den nächsten Jahren werden, wie in Bild A1.4 dargestellt, für Mobilfunknetze weltweit starke Zuwachsraten bei den Teilnehmerzahlen erwartet.

Bild A1.4:
GSM und DCS 1800 –
Entwicklung der
Teilnehmerzahlen (Mio)

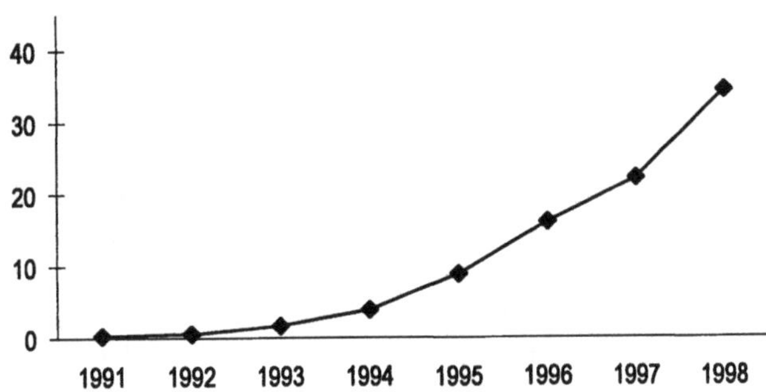

Quelle: GEMPLUS

Zugangsmedium für den GSM-Mobilfunk ist die Chipkarte. Alle wichtigen Teilnehmerinformationen sind in der Chipkarte, nicht etwa im Telefon gespeichert. Sobald die PIN, die in der Karte geprüft wird, korrekt eingegeben wurde, ist das Mobiltelefon im GSM-Netz aktiv, und der Karteninhaber kann Telefonanrufe tätigen oder empfangen. Anhand der Informationen in der Karte wird innerhalb des GSM-Netzes geprüft, ob es sich um einen registrierten Teilnehmer handelt. Die übertragenen Daten können in GSM-Netzen verschlüsselt werden, damit sie nicht unberechtigt abgehört werden können. Bei der Verschlüsselung spielt die Karte eine wesentliche Rolle.

GSM-Karten gibt es in zwei verschiedenen Größen, der Kreditkartengröße und als Plug-in mit den Abmessungen 25 x 15 mm.

In Deutschland starteten im Juli 1992 unter den Bezeichnungen D1 und D2 zwei Netze den GSM-Mobilfunkdienst. Sowohl das D1- als auch das D2-Netz haben Mitte 1995 ca. 1,1 Millionen Teilnehmer.

Sowohl der D1-Netzbetreiber, die DeTeMobilnet GmbH, eine Tochtergesellschaft der Deutschen Telekom, als auch der D2-Netzbetreiber, Mannesmann Mobilfunk, bieten zusätzlich zum Mobilfunk weitere Dienstleistungen wie Reise-Service und Verkehrsinformationen an.

Die Geräte und die D1- und D2-Chipkarten werden in Deutschland von insgesamt 13 Service Providern vertrieben, die ihren Kunden unterschiedliche weitere Dienstleistungen anbieten. Diese Dienstleistungsangebote umfassen Dienste rund um das Telefon wie Geräte- und Kartenversicherungen, 24 Stunden-Service, Telefonauskunft, Mailbox, Nachrichtenweiterleitung und Weckruf aber auch Reise-, Sekretariats- und Übersetzungsdienste, Auskunftsdienste und Parkplatz-Reservierungsservice.

In Deutschland startete im Mai 1994 der e plus Mobilfunk, dessen Gesellschafter Thyssen, Veba, Bell South (USA), Vodafone (GB), einige Unternehmen aus den neuen Bundesländern und eine französische Bank sind. Dieses Netz ist ein DCS 1800 Netz (DCS steht für Digital Cellular System.) Es beruht ebenfalls auf dem GSM-Standard, arbeitet aber mit einer Übertragungsfrequenz von 1.800 Megahertz, während im D1- und im D2-Netz mit 900 Megahertz übertragen wird.   Mitte 1995 hatte das e plus-Netz 70.000 Teilnehmer. Das Ziel von e plus: 2 Millionen Kunden im Jahre 2000.

Auch e plus bietet eine Reihe von Dienstleistungen an wie Hotel-Reservierungsservice, Pannenhilfe, Weckruf, Kurznachrichtendienst, regionale Verkehrsinformationen, individuelle Freizeit- und Reiseinformationen, Lotsendienst in fremden Städten, kostengünstige Mietwagenvermittlung.

In Großbritannien gibt es ebenfalls DCS 1800 Mobilfunk. Es ist damit zu rechnen, daß auch Belgien, Frankreich, Italien, Spanien, Österreich und die Schweiz DCS 1800 Mobilfunknetze einführen werden.

1.2   Zahlungsverkehr

In diesem Kapitel wird unterschieden zwischen Kredit- bzw. Debitkarten und Electronic Purses. Teilweise sind diese Zahlungsverfahren in einem Chip in einer Karte kombiniert. Die Einzelheiten der Karten, die die Electronic Purse-, aber keine Kredit- oder Debitkarten-Funktion haben, sind in Abschnitt 2.2 dieses Kapitels beschrieben.

Chipkarten, die zwar zur Bezahlung verschiedener Waren- und Dienstleistungen konzipiert sind, aber nur für die Verwendung in einer bestimmten Stadt oder Region gedacht sind, werden in Abschnitt 2.3 behandelt.

1.2.1 Zahlungskarten mit Debit- oder Kreditkartenfunktion

VISA, die Kreditkarten-Organisation, die weltweit über die größte Kartenbasis verfügt, hat auf der Basis bestehender Standards gemeinsam mit MasterCard und Europay einen Anwendungsstandard für die Kreditfunktion in einem Chip erarbeitet. Diese Spezifikation wird als VME- (VISA, MasterCard, Europay) oder EMV-Standard (Europay, MasterCard, Visa) bezeichnet. Bisher bestehen noch keine konkreten Pläne, in welchem Land mit der Einführung entsprechender Karten begonnen wird.

Im folgenden sind Chipkarten-Projekte beschrieben, die in einzelnen Ländern entwickelt wurden. Diese Chipkarten werden nur in den genannten Ländern eingesetzt.

Frankreich

In dem Land, in dem zuerst Telefonkarten in großem Umfang eingeführt wurden, wurde auch zuerst das Bezahlen mit Chipkarten auf breiter Basis etabliert. Inzwischen gibt es ca. 21 Millionen Inhaber von Bankkarten, die an über 300.000 Terminals in ganz Frankreich mit ihren Karten bezahlen können.

Italien

In Italien existieren seit Anfang der 90er Jahre zwei Chipkartensysteme, die auch Zahlungsfunktionen haben.

Carta Moneta

Emittent der Carta Moneta ist die SETEFI SpA., eine hundertprozentige Tochtergesellschaft der italienischen Bank Cariplo.

Der Karteninhaber kann am POS-Terminal wählen, ob er die Karte als Debit- oder Kreditkarte einsetzen will.

1993 ist SETEFI dem VISA- und dem Eurocard-MasterCard-Verbund beigetreten. Die Karte hat also außer dem Chip jetzt auch Hochprägung und Magnetstreifen. 180.000 dieser Karten sind im Umlauf.

POSTCARD

Die von der italienischen PTT ausgegebene POSTCARD ist eine kontaktlose Chipkarte. Sie ist eine Kreditkarte mit verschiedenen weiteren Bankfunktionen und funktioniert mit PIN. Die Karte hat auch einen Magnetstreifen und ist dadurch kompatibel mit dem italienischen Bancomat-System.

Der Emittent beabsichtigt, insgesamt 1,6 Millionen POSTCARDs auszugeben.

Österreich

In Österreich werden künftig alle eurocheque-Karten, und das sind 2,5 Millionen, mit einem Prozessorchip ausgestattet sein. Die österreichischen eurocheque-Chipkarten werden Ende 1995 ausgegeben und drei, anstatt wie bisher zwei Jahre, gültig sein.

Außer den eurocheque-Karten gibt es in Österreich ca. 2,6 Millionen weitere Bankkundenkarten bzw. Bankservicekarten, die mit dem identischen Chip mit denselben Funktionen ausgerüstet werden. Die Umstellung dieser Karten auf Chipkarten wurde im November 1995 begonnen. Für das Jahr 1996 wird mit der Installation von 20.000 Terminals, für 1998 bereits mit 100.000 Terminalinstallationen gerechnet.

Initiiert und entwickelt wurde dieses Chipkarten-Projekt durch Austria Card, einem Tochterunternehmen der Österreichischen Nationalbank.

In den neuen Chipkarten sind folgende Funktionen realisiert.

- Elektronische Geldbörse

  Die Zahlungen mit der elektronischen Geldbörse funktionieren anonym. Sie ist an Geldausgabeautomaten nachladbar. Für das Nachladen muß die PIN eingegeben werden, weil der zu ladende Betrag vom Girokonto des Karteninhabers abgebucht wird. Der Höchstbetrag, der geladen werden kann, ist 1.999 öS (ca. DM 285,-). Aus Wirtschaftlichkeitsgründen wurde auf die Aufzeichnung der Electronic Purse-Transaktionen verzichtet. Mit der Electronic Purse-Funktion in deutschen eurocheque-Karten ist die österreichische elektronische Geldbörse nicht kompatibel.

- Off-line-POS

  Off-line-POS ist eine Debitanwendung mit PIN-Eingabe. Eine Verbindung zu einem Bank-Rechnernetz ist während der Zahlungstransaktion nicht möglich. Im Terminal ist eine Hot List gespeichert, die bei der täglichen Transaktions-Einreichung per Telekommunikation auf den neuesten Stand gebracht wird.

  Für Einkäufe im Off-line-POS-Verfahren gilt für den Karteninhaber ein Wochenlimit, das zur Zeit bei 10.000 öS (ca. DM 1.400,-) liegt.

  Die Freigabe dieser Anwendung erfolgte bisher nur für große Lebensmittelhandelsketten, die über eine interne Vernetzung des Kassensystems verfügen.

- Partial On-line-POS

  Bei dieser Anwendung kann das Terminal bei Bedarf sofort von Off-line-Betrieb auf On-line-Betrieb umschalten. Es ist davon auszugehen, daß 10 bis 20 % aller Transaktionen on line, d.h. mit Direktverbindung zu Europay Austria, erfolgen.

- Sicherheitserhöhung am Geldausgabeautomaten

  Die Sicherheitserhöhung beim Geldausgabeautomaten enthält folgende drei Hauptfunktionen:

  - Erhöhung der Sicherheit durch Einbindung von speziellen Chipkarten-Sicherheitsfunktionen

  - Die Chipkarte speichert die Informationen über die letzten 8 Geldabhebungen (Barauszahlungen und elektronische Geldbörse).

  - Die PIN-Prüfung erfolgt in der Chipkarte.

- Geldinstituts-eigene Anwendungen

- private Anwendungen

  Unternehmen, insbesondere Handelsunternehmen, können gegen eine Gebühr Speicherplatz auf den eurocheque- und den Kunden-/ Servicekarten mieten und damit z. B. Kundenclub- oder Rabattsysteme realisieren. Solche Anwendungen dürfen nur nach einer Genehmigung durch den Aufsichtsrat der Europay Austria eingesetzt werden.

1.2.2   Electronic Purses

VISA hat im März 1995 mit DANMØNT (siehe unten) eine Lizenzvereinbarung zur weltweiten Nutzung der von DANMØNT entwickelten Technik geschlossen. Auf der Basis dieser Technik wurde vorerst eine nicht wiederverwendbare Karte konzipiert. Das erste Pilotprojekt für diese Wegwerfkarte wurde vor zwei Wochen an der Goldküste Australiens gestartet. Der zweite Ort, an dem ein Pilotprojekt gestartet wird, ist Atlanta, USA. Während der Olympischen Spiele wird dort ein Test auf breiterer Basis durchgeführt.

VISA wird im nächsten Schritt eine wiederladbare Karte entwickeln, die mit dem VME-Standard kompatibel ist.

Die elektronische Geldbörse von VISA hat den Markennamen VISA cash.

Darüber hinaus gibt es in verschiedenen Ländern elektronische Geldbörsen, die als separate Karte realisiert, also nicht in den

Chip einer Debit- oder Kreditkarte integriert sind. Die Länder sind hier in alphabetischer Reihenfolge genannt.

In Kapitel 2 werden Anforderungen genannt, die eine Electronic Purse erfüllen müßte, wenn sie vergleichbar sein soll mit einer herkömmlichen, mit Münzen und Scheinen gefüllten Geldbörse. Die in diesem Abschnitt beschriebenen Systeme werden aufgrund der vom Systembetreiber gewählten Bezeichnung als Electronic Purse eingestuft. Das besagt nicht unbedingt, daß alle diese Systeme in ihren Funktionen tatsächlich weitgehend mit einer echten Geldbörse zu vergleichen sind.

Australien

Die Regierung des Landes Neu-Süd-Wales hat ein Electronic Purse Projekt gestartet. Diese Region, in der auch Australiens größte Stadt, Sydney, liegt, hat 5,9 Millionen Einwohner. Die Karte soll Kleingeld-Zahlungen ersetzen, ist eine vorbezahlte Karte und kann für Aus\$ 20, Aus\$ 50 oder Aus\$ 100 erworben werden.

Belgien

Die Belgier sind durch das elektronische Zahlungssystem Bancontact/Mister Cash schon sehr an Kartenzahlungen gewöhnt. 6,5 der insgesamt 10 Millionen Belgier haben eine eurocheque-Karte.

Banksys, die Betreibergesellschaft des Bancontact-Systems, hat unter der Bezeichnung PROTON eine elektronische Geldbörse entwickelt, die zur Zeit in zwei belgischen Städten, Leuven und Wavre, getestet wird.

Im April 1995 gab es in den beiden Teststädten 30.000 Karten.

Für Anfang 1996 ist die nationale Einführung vorgesehen.

Belgische PROTON-Karten kann bekommen, wer ein Girokonto bei einer belgischen Bank hat.

Die Karten können an Spezialterminals in Banken und an Geldautomaten mit Beträgen von mindestens 100 BEF höchstens 5.000 BEF (ca. 5,- bis 250,- DM) geladen werden. Die Beträge, die geladen werden, werden vom Bankkonto abgebucht. Deshalb ist für das Laden der Karten die Eingabe der PIN erforderlich.

Die Bezahlung mit den PROTON-Karten erfolgt anonym.

Der Durchschnittsbetrag der in den Teststädten mit PROTON-Karten durchgeführten Zahlvorgänge liegt bei 220 BEF (ca. DM 11,-).

Verschiedene internationale Unternehmen haben die PROTON-Technologie inzwischen gekauft:

- Interpay, Niederlande
- Telekurs, Schweiz
- ERG, Australien
- MITEL, Brasilien

Dänemark

Das dänische Electronic Purse-Konzept ist das erste landesweite Electronic Purse Projekt der Welt und wurde konzipiert von der DANMØNT A/S – einem Joint-venture Unternehmen, an dem PBS (Danish Payment Systems) und KTAS, die wichtigste dänische PTT-Gesellschaft, zu je 50 % beteiligt sind.

Das DANMØNT System startete mit wegwerfbaren Karten mit einem Höchstwert von DKK 500 (ca. $ 90). Es sollen jedoch auch Karten eingeführt werden, die an Spezialterminals und Geldausgabeautomaten wieder geladen werden können.

DANMØNT hat sich zum Ziel gesetzt, daß 1998 die Hälfte der dänischen Bevölkerung (insgesamt 5 Millionen) die DANMØNT-Karte verwendet.

Die weltweit operierende Kreditkarten-Organisation VISA hat mit DANMØNT einen Lizenzvertrag geschlossen und in Australien bereits einen ersten Test gestartet.

Deutschland

In Deutschland ist eine Electronic Purse-Funktion zur Integration in eurocheque- und Kundenkarten der Banken und Sparkassen in Vorbereitung. Die Karte mit dieser neuen Funktion wird als GeldKarte bezeichnet. Mit der Electronic Purse-Funktion der österreichischen eurocheque- und Bankkundenkarten sind diese Karten nicht kompatibel.

In den Evidenzzentralen der deutschen Kreditwirtschaft, bei denen die Händler die Einzeltransaktionen einreichen, werden sogenannte Schattenkonten geführt. Anhand dieser Aufzeichnungen können die Plausibilität der Transaktionen geprüft und Betrugsfälle festgestellt werden.

Ein genauer Termin für den Start des Pilotprojekts, der für Anfang 1996 vorgesehen ist, steht noch nicht fest. 100.000 Karten werden für das Pilotprojekt in Ravensburg mit dem entsprechenden Chip ausgestattet.

Die eurocheque- bzw. Kundenkarten werden mit einem Chip ausgeliefert, in den ein Betrag bis zu DM 400,- geladen werden kann. Für das Laden der Karte ist die Eingabe der PIN erforderlich. Der geladene Betrag wird vom Girokonto des Karteninhabers abgebucht.

Die Karte ist vorwiegend für die Bezahlung von Beträgen bis zu DM 50,- gedacht. Die Zahlungen werden ohne PIN-Eingabe abgewickelt.

Zu einem späteren Zeitpunkt sollen auch Karten mit dieser Funktionalität ausgegeben werden, die gegen Barzahlung erworben werden können, also nicht an ein Bankkonto gebunden sind.

Der Beginn der bundesweiten Einführung für alle deutschen eurocheque- und Kundenkarten ist für Ende 1996 geplant. Die Anzahl aller eurocheque- und Kundenkarten, die alle mit dieser Chipfunktion ausgestattet werden sollen, liegt bei 55 Millionen.

Finnland

In Finnland ist es die Zentralbank, die Bank of Finland, die unter dem Namen AVANT ein Electronic Purse System initiiert hat.

Bisher sind die AVANT-Karten Wegwerfkarten. Vorgesehen sind aber auch Karten, die an Geldausgabeautomaten wieder aufgeladen werden können. Der Höchstbetrag für eine AVANT-Karte ist auf 1.000 FIM (ca. $ 180) festgesetzt. In einer späteren Phase soll die AVANT Electronic Purse Funktion in eine Debit- oder Kreditkarte integrierbar sein.

In den Jahren 1993 und 1994 wurden 150.000 bzw. 450.000 AVANT-Karten ausgegeben.

Die nationale Einführung soll in einem Dreijahresplan durchgeführt werden.

Ziel der Bank of Finland ist es, innerhalb von sieben Jahren ein Drittel des Bargelds zu ersetzen.

Großbritannien

Großbritannien ist ein Land, in dem Kartenzahlungen sehr verbreitet sind. Bei einer Bevölkerung von 58 Millionen sind insgesamt 82 Millionen Zahlungskarten im Umlauf.

1995 wird unter der Bezeichnung Mondex in Swindon eine Electronic Purse getestet. Diese Electronic Purse wurde in Großbritannien angekündigt als ein Joint-venture der NatWest Bank, der Midland Bank und der British Telecom.

Die Mondex-Karte ist wieder aufladbar bei Banken, Händler-Terminals oder über Telefone, die mit Kartenlesern ausgestattet sind.

Mit einer PIN kann die Karte blockiert werden, so daß der auf der Karte gespeicherte Wert nicht ausgegeben werden kann.

In der Karte können Werte in bis zu fünf verschiedenen Währungen gespeichert werden.

Indonesien

Die Bank Rakyat Indonesia gibt unter der Bezeichnung SMART-BRI eine Electronic Purse aus. Die Electronic Purse Funktion ist in der Karte mit anderen Bankfunktionen kombiniert.

Lettland

Im Auftrage dreier Banken mit Sitz in Riga hat die Firma Software House Riga auf der Basis einer französischen Anwendung ein Kartensystem entwickelt, das in der Endausbaustufe von über 2 Millionen Menschen verwendet werden soll. Die Karte mit der Bezeichnung Latkarte wird von der emittierenden Bank mit einem Betrag geladen und ist dafür vorgesehen, daß jeder gewünschte Betrag damit bezahlt werden kann. Für eine spätere Projektphase sind wieder aufladbare Karten vorgesehen.

Österreich

Für Personen, die kein Konto in Österreich haben, insbesondere Touristen und Kinder, wird eine multifunktionale Wertkarte ausgegeben. Es ist eine anonyme Chipkarte, in der neben der Funktion der elektronischen Geldbörse spezielle Anwendungen von Geldinstituten und allgemeine Anwendungen realisiert werden können.

Portugal

Betreiber des portugiesischen Electronic Purse-Systems ist die Gesellschaft SIBS (Sociedade Interbancaria de Serviços). Die SIBS hat das System im Auftrage 30 portugiesischer Banken entwickelt.

Die Karte ist wieder aufladbar an den Geldausgabeautomaten des Multibanco-Netzes. Für das Aufladen ist die Eingabe einer PIN erforderlich.

Im dritten Quartal 1994 wurden die Tests in Lissabon gestartet. Für 1995 war die Ausgabe von 800.000 Karten, die an 2.000 Terminals einzusetzen sein sollen, geplant.

Es ist das Ziel, mit dieser Electronic Purse innerhalb von 10 Jahren 10 % des Bargeldvolumens zu ersetzen.

Schweiz

Der Projektstart für das schweizerische Pilotprojekt in Biel war im November 1991. Systembetreiber ist die Schweizer PTT.

Die Karte mit der Bezeichnung POSTCARD kann an öffentlichen Telefonen geladen und nachgeladen werden. Dafür ist eine PIN-Eingabe erforderlich. Der geladene Betrag wird direkt dem Postkonto des Karteninhabers belastet. Der Höchstbetrag, der in die Karte geladen werden kann, ist 100,- Schweizer Franken. Als kleinste Abbuchungseinheit sind 5 Rappen vorgesehen.

Mit der POSTCARD kann auch an Geldausgabeautomaten Bargeld abgehoben werden.

Singapur

Die Organisation NETS (Network for Electronic Transfers), die sieben Banken in Singapur gehört, hat das Electronic Purse System definiert. NETS wird für das Clearing und Settlement der mit den Electronic Purse-Karten geleisteten Zahlungen verantwortlich sein. Die als CashCard bezeichneten Karten werden von den Banken ausgegeben.

Das NETS Kartenkonzept sieht für die CSVC drei Abstufungen vor:

- Low-end Prepaid Card

  Diese Kartenversion ist für die Bezahlung kleiner Beträge gedacht. Anonymität der Zahlungsvorgänge wird garantiert.

- High-end Prepaid Card

  Diese Karte ist nicht ausschließlich für die Bezahlung kleiner Beträge gedacht. Deshalb sind umfangreichere Aufzeichnungen der Kartentransaktionen vorgesehen.

- Composite Card

  Die neu eingeführte Electronic Purse Funktion wird auch in Debitkarten integriert. Dieser Kartentyp ist als Hybridkarte vorgesehen. Die Debitkarten-Funktion erfordert eine PIN-Eingabe.

Es ist das Ziel dieses NETS-Projekts, daß 1997 die meisten Bürger Singapurs mit einer solchen Karte ausgestattet sind.

Spanien

Ein spanisches Bankenkonsortium, die Sociedad Espãnola de Medios de Pago (SEMP), das einige der bedeutendsten spanischen Banken repräsentiert, gibt eine Electronic Purse heraus. Sie kann an Geldausgabeautomaten, POS-Terminals und Selbstbedienungsgeräten wieder aufgeladen werden.

Im Rahmen der nationalen Einführung sind ca. 4 Millionen Karten vorgesehen.

Südafrika

Die vier wichtigsten Bankgruppen in Südafrika, ABSA, FNB, Nedcor und Standard Bank, geben die Inter-bank Electronic Purse heraus. Es gibt eine Electronic Purse-Funktion, die PIN-geschützt ist. Für Kleinbeträge ist in derselben Karte eine nicht PIN-geschützte Electronic Purse. Später sollen weitere Funktionen hinzukommen.

Für die nationale Einführung sind 15 Millionen Karten vorgesehen.

USA

Der Betreiber des größten US-amerikanischen Netzwerks zur Bearbeitung elektronischer Zahlungen, die Money Access Service Inc. mit Sitz in Philadelphia, bereitet ein Electronic Cash System für seine 932 Mitgliedsbanken vor. Diese Banken verfügen zur Zeit über ein Potential von 18,6 Millionen Karteninhaber in den Staaten Delaware, Pennsylvania, West Virginia, New Jersey, New York, New Hampshire and Maryland. Die Karte ist geeignet für die Bezahlung in Restaurants, Einzelhandelsgeschäften und Supermärkten, an Tankstellen und in Parkgaragen, für öffentliche Verkehrsmittel, öffentliche Kartentelefone, Verkaufsautomaten, Mautgebühren und anderes. Die Banken, die die Karten ausgeben, können später zusätzliche Funktionen in die Karte integrieren.

Bevor es auf breiter Basis eingeführt wird, wird das System in einem sechsmonatigen Feldversuch an verschiedenen Orten getestet.

Zambia

Die von der MeridienBIAO Bank herausgegebene MeridienCard soll in insgesamt 18 afrikanischen Ländern verwendet werden können.

Die Karte kann auch bekommen, wer kein Konto bei der Meridien BIAO Bank hat. Die Zahlungen werden mit der Karte off line durchgeführt. Für Zahlungsvorgänge ist eine PIN-Eingabe erforderlich. In der Karte können Beträge in bis zu zehn verschiedenen Währungen gespeichert werden.

Die Electronic Purse Funktion ist mit anderen Bankfunktionen kombiniert.

1.2.3   City- und Regionalkarten

Mit City- bzw. Regionalkarten können verschiedene Leistungen bezahlt werden, jedoch nur in der jeweiligen Stadt bzw. Region.

Deutschland

Ab Anfang 1996 können mit der Citypay Fulda Gebühren an Parkautomaten, in Parkhäusern sowie Fahrten mit dem städtischen Kleinbus bargeldlos bezahlt werden. Die Karten werden von der Fuldaer Parkstätten GmbH, einem Betrieb der Stadt Fulda, ausgegeben und sind wieder ladbar. Vorgesehen ist eine Auflage von 10.000 Karten.

Frankreich

In verschiedenen Städten Frankreichs gibt es die sogenannten City-Karten, mit denen nur in dieser Stadt, dort aber für verschiedene Leistungen bezahlt werden kann. Diese vorbezahlten Karten gelten für öffentliche Verkehrsmittel, öffentliche Schwimmbäder und andere öffentliche Sportstätten. Teilweise kann auch in Restaurants damit bezahlt werden. Bei mehrfacher Verwendung dieser Karten werden in manchen Fällen Rabatte eingeräumt. Sie sind dann nicht anonym.

In Frankreich gibt es solche Chipkartensysteme in den Städten:

- Charleville-Mézières
- Grenoble
- La Plagne
- Marseille
- Metz
- Vitrolles

Großbritannien

Die JerseyCard ist eine vorbezahlte Electronic Purse zur Verwendung im Einzelhandel, in Autowerkstätten und kann als Mitgliedskarte eines lokalen Freizeitzentrums eingesetzt werden. Das System wurde auf die Nachbarinsel Guernsey ausgedehnt und heißt dort Guernsey Card.

Österreich

Ab Frühjahr 1996 wird als Regions-/Tourismuskarte die Kärnten-Card eingeführt. Technisch ist die Kärnten-Card identisch mit der kontounabhängigen österreichischen Elektronischen Geldbörse.

1.3   Gesundheitswesen

Die Karten im Gesundheitswesen sind entweder als Identifikationskarten, wie z. B. die deutsche Krankenversichertenkarte, oder als Medizinkarte, in der Diagnose- und Behandlungsdaten gespeichert sind, im Einsatz. Es gibt auch Karten, in denen diese beiden Anwendungen kombiniert sind.

Deutschland

In Deutschland ist es aufgrund der Datenschutzgesetze nicht ohne weiteres möglich, Medizinkarten einzuführen. Wenn persönliche Daten bearbeitet oder weitergegeben werden sollen, muß der Betroffene zustimmen. Deshalb ist eine Einführung per Gesetz nicht möglich.

Die bisher größte Zahl von Karten im Gesundheitswesen – nämlich 79 Millionen Karten – wurde mit der Krankenversichertenkarte in Deutschland ausgegeben. Die Einführung der Krankenversichertenkarte, die die Krankenscheine der Ersatzkassen ersetzen, wurde gesetzlich vorgeschrieben. Die Karte enthält die Patientendaten, wie Name, Geburtsdatum, Versichertennummer. Diese Daten werden in den Arzt- und Zahnarztpraxen aus der Karte gelesen und automatisch auf alle für Behandlung und Leistungsabrechnung erforderlichen Formulare übertragen.

Frankreich

Mit staatlicher Unterstützung wurden in den 80er Jahren verschiedene Kartenanwendungen für die Bereiche Medizin und Krankenversicherung entwickelt.

Verschiedene Kartensysteme sind inzwischen auf breiter Basis eingeführt.

Dialybre

Ungefähr 20.000 Menschen in Frankreich leiden an Nierenversagen. Sie werden mit der Dialybre-Karte ausgestattet, in der Name, Versicherungsdaten und medizinische Daten gespeichert sind. So ist es möglich, daß die Patienten jederzeit an jedem der 245 Dialysezentren in Frankreich behandelt werden können.

Das System ist inzwischen auch an 24 Krankenhäusern in Spanien, fünf in der Schweiz und drei in Kanada installiert.

Mutuelles de France

In dieser Karte sind die Funktionen einer Krankenversichertenkarte, einer Debitkarte zur Bezahlung medizinischer Leistungen und einer Medizinkarte kombiniert. Das Personal in medizinischen Einrichtungen oder in der Verwaltung ist ebenfalls mit Karten ausgestattet, über die ihr Zugriff auf die verschiedenen Bereiche in der Karte gesteuert wird.

Inzwischen sind mehrere Hunderttausend dieser Karten im Einsatz.

Santal

Im Dezember 1987 wurde in der Region Saint Nazaire mit Unterstützung der Sozialversicherung und des Gesundheitsministeriums die Santal-Karte eingeführt. Die Karte dient der Identifikation des Karteninhabers, enthält Angaben zum Versicherungsschutz und medizinische Daten.

Kompatibilität mit dem Sesam/Vitale-Projekt wird angestrebt.

Sesam/Vitale

Die drei bedeutendsten und eine Reihe kleinerer Krankenversicherten-Organisationen haben sich zusammengeschlossen, um diese Karte herauszugeben. Sie soll die Krankenversichertenkarte aus Papier, von der bisher jährlich 45 Millionen ausgegeben werden, ersetzen. In der für 1998/99 vorgesehenen Endausbaustufe des Projekts sollen 56 Millionen Menschen mit dieser Karte ausgestattet sein.

Großbritannien

Das Projekt PANACEA wurde auf Initiative der Europäischen Kommission in Lissabon, Portugal und Devonshire, Großbritannien gestartet. Es wurde eingerichtet für Patienten mit Lernschwierigkeiten und Patienten, die Spezialbehandlungen erhalten.

In Lissabon wurden 230.000 Chipkarten ausgegeben.

Niederlande

DSW-Karte

Finanziert vom holländischen Staat wurde das Projekt DSW-Karte 1993 in Delft gestartet. Die DSW ist eine öffentliche Versicherungsgruppe. Zwei weitere, ebenfalls vom Staat finanzierte Tests sind vorgesehen.

VIP-Karte

Die Bezeichnung der Karte wird abgeleitet aus Verzekerings-, Indentification- und Patientenkaart. Die Karte ist eine Versichertenkarte und enthält auch medizinische und Notfall-Informationen.

Der Zugriff von Ärzten und Apothekern auf die Daten wird über eine Spezialkarte gesteuert.

Die landesweite Einführung ist für 1996 geplant.

Portugal

Das Projekt PANACEA wurde auf Initiative der Europäischen Kommission in Lissabon, Portugal und Devonshire, Großbritannien gestartet (siehe oben).

Schweiz

Die Schweizer SANACARD wurde ab 1987 in einem Pilotversuch getestet. In der Karte sind die Angaben zur Person des Karteninhabers, Versicherungsdaten und medizinische Daten einschließlich Diagnosen, Verordnungen, Blutgruppe und Kontra-Indikationen gespeichert. Die Karte wurde entwickelt für die Benutzung über die Grenzen der Schweiz hinaus und soll in anderen Ländern als Notfallausweis dienen.

Der Zugriff der Ärzte und des medizinischen Personals auf die Daten wird mit Hilfe einer zweiten Karte gesteuert.

Spanien

Die spanische Dental-Versicherungsgesellschaft ADESA beabsichtigt die nationale Einführung ihrer Dental Card, von der bereits über 80.000 Exemplare ausgegeben wurden.

In der Karte sind Angaben zur Person, Versicherungsdaten, Daten über Zahnbehandlungen, Behandlungskosten, Allergien und Notfalldaten gespeichert.

USA

MARC

Im Auftrage des US-Verteidigungsministeriums wird der Prototyp der MARC (Multi-technology Automated Reader Card) von der 25sten Infanterie-Division des amerikanischen Pazifik-Kommandos auf der Insel Oahu, Hawaii, getestet. Der Prototyp ist eine Prozessorchipkarte, die auch einen Magnetstreifen und einen Bar Code hat. Getestet wird die Karte in den Bereichen medizinische und Nahrungsmittel-Versorgung und militärische Anwendungen.

Nach der Testphase, deren Dauer 18 Monate bis zwei Jahre betragen soll, ist vorgesehen, weitere Anwendungen zu ergänzen und das Programm auf alle Einheiten und das Verteidigungsministerium auszudehnen.

Medicard

In Oklahoma City ist die Medicard im Einsatz, in der persönliche und medizinische Daten, wie Diagnosen, Behandlungen und Allergien, und Daten zum Versicherungsschutz gespeichert sind.

Die Kartengebühr für Patienten beträgt $ 39 für drei Jahre.

1.4   Öffentlicher Verkehr

1.4.1   Öffentliche Verkehrsmittel

Die bisher vorwiegend im öffentlichen Verkehr üblichen Fahrkarten sind meistens mit geringem Aufwand aus Papier oder Karton hergestellt. In vielen Metropolen sind die Fahrkarten mit einem Magnetstreifen versehen. Bezahlt werden sie bisher meist mit Kleingeld, wie es den Fahrpreisen angemessen ist.

Bei der Umstellung auf Chipkarten können die herkömmlichen Fahrkahrten mit Chipkarten bezahlt werden. Die Chipkarte kann aber auch als Fahrtausweis dienen.

Australien

In Melbourne wird ein System erprobt, in dem Fahrkarten mit Magnetstreifen und kontaktlose Chipkarten für die Bezahlung eingesetzt werden. Die Karten sind für Bahnen, Busse und Straßenbahnen in Melbourne gültig. In die erste Projektphase sind 2 Bahnlinien mit 32 Stationen, Buslinien mit 177 Bussen und 43 Straßenbahnen einbezogen.

Deutschland

In Deutschland gibt es verschiedene Projekte, in denen Chipkarten im öffentlichen Nahverkehr bereits erprobt werden. Diesen Projekten in

Berlin

Kempten

Kiel

Koblenz

Lüneburg/Oldenburg

Marburg

Pforzheim

Ravensburg

Reutlingen

liegen sehr unterschiedliche technische Konzepte zugrunde.

Inzwischen wurde die PayCard entwickelt. Sie ist ein Gemeinschaftsprodukt der Deutsche Bahn AG, der Deutsche Telekom AG und des VDV (Verband Deutscher Verkehrsunternehmen). Der Start des Feldversuchs ist für Februar/März 1996 in den

Städten Kiel, Hamburg, Frankfurt am Main, Stuttgart und München vorgesehen.

Die planmäßige, bundesweite Einführung ist für den Spätsommer 1996 terminiert.

Die PayCard ist eine vorbezahlte Karte, mit der Fahrscheine wie bei herkömmlichen stationären Automaten, mobilen Automaten oder anderen Verkaufsgeräten gekauft werden. Geplant ist, daß die Karte in 20-DM-Schritten bis zu einem Höchstbetrag von 200 DM geladen werden kann.

Die Karte wird an öffentlichen Kartentelefonen geladen. Dafür ist die Eingabe der PIN erforderlich. Jeder PayCard ist ein Chipkarten-Konto zugeordnet. Der in die Karte geladene Betrag wird über Lastschriftverfahren ausgeglichen.

Außerdem ist eine unpersönliche PayCard vorgesehen, die bei den Verkaufsstellen gegen Bargeld aufgeladen werden kann.

Die Karte kann für den Kauf von Fahrscheinen und zum Telefonieren an öffentlichen Kartentelefonen eingesetzt werden.

Es ist möglich, die Funktionen der Karte später zu erweitern.

Finnland

In Finnland werden bereits seit 1988 elektronische Zahlungssysteme für den öffentlichen Verkehr installiert. Chipkarten mit Kontakten und kontaktlose Chipkarten sind im Einsatz.

In den größeren Städten wie Helsinki, Tampere und Turku werden kontaktlose Karten verwendet. In kleineren Städten und in dem NIPS-System (Nationwide Integrated Payment System) für Stadtbusse und Busverbindungen zwischen den Städten setzt' man auf Chipkarten mit Kontakten. Das NIPS umfaßt mehr als 400 Bus-Unternehmen und mehrere städtische Verkehrsbetriebe.

Großbritannien

In Großbritannien wurden bereits verschiedene Chipkarten-Projekte im öffentlichen Nahverkehr gestartet.

Harrow

Im Gebiet von Harrow, London, wird ein Pilotversuch mit einer kontaktlosen Karte durchgeführt, in den 200 Busse auf 19 Routen, betrieben von fünf verschiedenen Bus-Unternehmen, einbezogen sind.

Die Systemtechnik wurde aus Finnland übernommen.

Es ist geplant, das System auf alle Londoner Busse auszudehnen. London Underground und möglicherweise auch British Rail könnten sich dem System anschließen.

Manchester

Die Transportbehörde der Region Manchester genehmigte im Juli 1992 die Einführung einer vorbezahlten Karte. Verwendet wird eine kontaktlose Karte. Die Karte ist wieder aufladbar. Das Aufladen wird an Spezialterminals in Geschäften, bei Postämtern und bei Zeitungshändlern durchgeführt.

In der Einführungsphase soll das System eine Kartenbasis von 500.000, später von 1 Million – das entspricht der Hälfte der Bevölkerung dieser Region – haben. Es wird in mehr als 2.700 Bussen und in den Bahnhöfen der Region installiert.

Die spätere Erweiterung der Kartenfunktionen ist vorgesehen.

Milton Keynes

In Milton Keynes können wiederaufladbare Chipkarten in 140 Bussen verwendet werden. Die Karten können auch in den Bussen wieder aufgeladen werden.

Ungewöhnlich bei diesem System ist, daß der Fahrer für die Abwicklung der Transaktion die Karte handhabt.

Hong Kong

In Hong Kong wird das bisher größte Chipkartensystem in öffentlichen Verkehrsmitteln erprobt. Vorgesehen sind 3 Millionen kontaktlose Karten, mit denen alle öffentlichen Verkehrsmittel in Hong Kong bezahlt werden können. Es soll das System der vorbezahlten Magnetstreifenkarten ablösen, das jetzt im Einsatz ist.

Die Karten sind wiederaufladbar. Sie können geladen werden, indem der betreffende Betrag bar bezahlt wird, und zwar entweder beim Personal an Bahnstationen, Busbahnhöfen oder Fähren-Anlegestellen. Die Passagiere können auch ein Formular unterschreiben, das einer Genehmigung des Bankeinzugs entspricht. Dann wird die Karte automatisch an den Kartenterminals geladen.

Als funktionale Erweiterungen für eine spätere Phase sind das Bezahlen von Waren und Dienstleistungen vorgesehen, für das typischerweise Münzen verwendet werden, wie Parken, Telefonieren und Verkaufsautomaten.

Japan

Die japanische Bahngesellschaft hat einen Pilottest in Tokio gestartet. Ca. 400 Angestellte der Bahngesellschaft wurden mit dieser kontaktlosen Karte ausgestattet.

Norwegen

Im Großraum Oslo, in dem jährlich ca. 200 Millionen Fahrten mit öffentlichen Verkehrsmitteln vorgenommen werden, sind drei verschiedene Unternehmen an dem Projekt beteiligt. Einbezogen sind alle Arten von Verkehrsmitteln für den öffentlichen Personenverkehr: Busse, Straßenbahnen, U-Bahnen, Bahnen und Fähren. Verwendet wird eine kontaklose Karte.

Eine spätere Erweiterung der Kartenfunktionen ist vorgesehen.

1.4.2   Straßenverkehr

Im Rahmen des europäischen Forschungsprogrammes DRIVE, das 1988 gestartet wurde, wird untersucht, wie neue Technologien für den Verkehr genutzt werden können. Ähnliche Forschungsprogramme wurden in Japan und in den USA (the IVHS – Intelligent Vehicle and Highway Systems programme) gestartet.

Die wichtigsten Projekte in Europa sind ADEPT (Automated Debiting and Electronic Payment for Transport) und GAUDI.

ADEPT

Das ADEPT-Projekt zur Berechnung von Mautgebühren arbeitet auf der Basis eines an der Windschutzscheibe der Fahrzeuge angebrachten Funkübertragungsgeräts. In dem Gerät steckt eine Chipkarte. Die Berechnung der Mautgebühren ist auf diese Weise bis zu einer Fahrzeuggeschwindigkeit von 160 km/h und gleichzeitig über mehrere Fahrspuren möglich.

Der erste Installationsort für dieses System war Göteborg im Jahre 1992. In den ADEPT-Installationen gibt es zusätzliche Anwendungen:

Göteborg, Schweden, und Thessaloniki, Griechenland:
Fahrer-Information

Lissabon, Portugal:
Parkplatz-Buchung und Verkehrsleitsystem

Cambridge, Großbritannien:
Stau-Messungen

GAUDI

In das GAUDI-Projekt wurden die fünf Städte Barcelona, Bologna, Dublin, Marseille und Trondheim einbezogen. Die Testdauer betrug nur wenige Monate.

Untersuchungsziel war es herauszufinden, wie die Verkehrsteilnehmer mit Gebührensystemen bewogen werden können, sich anstatt des Individualverkehrs verstärkt öffentlicher Verkehrsmittel zu bedienen. Die ausgegebenen Karten sind geeignet zum Bezahlen in Bussen, von Maut- und Parkgebühren und zum Telefonieren. Die Akzeptanz bei den Karten-Benutzern wird als gut bezeichnet.

Singapur

Es ist gebührenpflichtig, in der inneren City-Region von Singapur mit Kraftfahrzeugen zu fahren. Bisher mußten Verkehrsteilnehmer dafür an Kiosken an der Grenze dieser Zone Berechtigungsscheine kaufen.

Zur Ablösung dieses Systems wurden die Lösungen dreier verschiedener Konsortien einige Monate lang getestet. Für die Bezahlung in diesem System, das als „Singapore Electronic Road Pricing", bezeichnet wird, sind die von den Banken in Singapur herausgegebenen Electronic Purse Chipkarten vorgesehen.

1.4.3   Parken

Die meisten City- und Regionalkarten sind auch für die Bezahlung von Parkgebühren vorgesehen. Sie werden hier nicht nochmals aufgeführt.

Eine Karte, die ausschließlich der Bezahlung von Parkgebühren dient, ist die unter der Bezeichnung ParkCard ausgegebene Parkkarte der Stadt München. Den Vertrieb dieser Karten haben die Aral-Tankstellen übernommen. Mit der ParkCard kann man an den rund 100 Parkschein-Automaten in München bezahlen. An diesen Automaten kann sie auch bis zu einem Wert von DM 200,- wieder aufgeladen werden.

1.4.4   Flugverkehr

Seit Mai 1995 testet die Lufthansa ein elektronisches Ticket, das den bisherigen Flugschein ersetzt. Die kontaktlose Chipkarte mit der Bezeichnung ChipCard kann die Funktionen Check-in-Karte, Bordkarte, Miles & More-Karte, Vielfliegerkarte und Kreditkarte haben. Nach Auswertung der Testerfahrungen soll die ChipCard 1996 in Deutschland flächendeckend eingeführt werden.

1.5	**Pay TV**

Das British Sky Broadcasting System in Großbritannien gibt an die Teilnehmer dieses Dienstes Chipkarten aus, um die unbezahlte Nutzung dieses Fernsehsystems zu verhindern. Über 3,25 Millionen Karten sind im Einsatz. Dieses System ist bisher das größte System in Großbritannien, in dem Prozessor-Chipkarten eingesetzt werden.

2   Geschlossene Systeme

Die Anwendungen geschlossener Systeme kann nur ein vorher definierter Personenkreis nutzen. Personen, die nicht zu diesem Kreis gehören, erhalten keine Chipkarte für das entsprechende System.

2.1   Zutrittskontrollsysteme

An die Beschäftigten der Firmen, die am Münchener Flughafen tätig sind, wurden Chipkarten ausgegeben, mit denen der Zutritt zu den vier verschiedenen Sicherheitszonen des Flughafens gesteuert wird.

In die Karten der Mitarbeiter ist eingetragen, zu welchen Zonen sie Zutritt haben. An 230 Kartenlesern im Flughafenbereich werden die Karten entsprechend geprüft, bevor sich die Türen für die Beschäftigten öffnen.

Darüber hinaus werden der Zugang zu den Angestellten-Parkplätzen über diese Karten gesteuert und die Arbeitszeiterfassung durchgeführt. Sie werden außerdem als Zahlungsmittel in den Kantinen eingesetzt. Die Karten sind mit einem Foto des Karteninhabers versehen.

2.2   Studentenausweise

Italien

Die Universität von Bologna gibt gemeinsam mit der Sparkasse von Bologna die Carta Centodieci heraus. Diese Karte ist eine kontaktlose Chipkarte, die zusätzlich einen Magnetstreifen hat. Durch den Magnetstreifen ist sie einsetzbar an Geldautomaten.

Die Karte wird verwendet für die Verwaltung von Stipendien und Bezahlung der Sozialversicherung und für Unterbringung,

Verpflegung, kulturelle und Freizeit-Einrichtungen. Ca. 30.000 Karten sind im Umlauf.

Österreich
Die Wirtschaftsuniversität Wien hat für einen Teil ihrer Studenten eine multifunktionale Studentenkarte ausgegeben.

2.3   Betriebsausweise

Japan
In Japan wurden verschiedene Projekte gestartet, Chipkarten als Betriebsausweise einzusetzen. Diese Projekte dienten auch der Erprobung der Chipkarten-Technologie.

Makuhari Techno Garden
Japans größtes System sogenannter „intelligenter Gebäude" wurde 1990 im Makuhari Techno Garden errichtet. Dort nutzen über 10.000 Angestellte von über 100 Firmen Chipkarten für die Reservierung von Konferenzräumen, die Regulierung der Klimaanlage und für den Einkauf in Geschäften und an Verkaufsautomaten und in Restaurants.

Matsushita
An die 2.200 Angestellten des technischen Bereichs und die Angestellten anderer Firmen, die im Auftrage von Matsushita arbeiten, wurden 2.500 Karten ausgegeben für die Zutrittskontrolle und die bargeldlose Bezahlung der Mahlzeiten. Die Karten haben auch Bankkarten-Funktionen und können an Bargeldautomaten eingesetzt werden.

Shin Kawasaki Building
In diesem Gebäude in Kanagawa ist ein ähnliches Kartensystem im Einsatz wie im Makuhari Techno Park. Es dient als Zutrittskontrollsystem für die Bibliothek und zur Bezahlung in Läden und Restaurants.

USA

AT & T hat seine Angestellten mit kontaktlosen Chipkarten ausgestattet. Die Karten haben die Funktionen Zutrittskontrolle, Computer-Zugriffsschutz, Arbeitszeiterfassung, Benutzungskontrolle für Parkplätze und Fotokopierer und Bezahlung in Kantinen. Das System wurde integriert in ein bereits vorhandenes Sicherheitssystem. Im voll ausgebauten System – diese Phase soll 1997 erreicht sein – ist der Einsatz von 256.000 Karten vorgesehen.

3

Multifunktionssysteme

Was als Multifunktionssystem bezeichnet werden kann, ist schwer zu sagen. City- und Regionalkarten und Betriebsausweise haben z. B. verschiedene Funktionen. Bei genauer Betrachtung haben viele Karten mehr als eine Funktion. In diesem Abschnitt werden die Chipkartensysteme aufgeführt, die von den Systembetreibern von vornherein für verschiedene Funktionen konzipiert wurden. Auch Kartensysteme, die keinen eindeutigen funktionalen Schwerpunkt haben, werden hier genannt.

In zahlreichen Kartensystemen werden zusätzliche Services, vielfach auch Versicherungsleistungen angeboten. Sofern diese Dienste nicht mit einer Funktion der Karte selbst verbunden sind, sondern mit der Teilnahme an dem betreffenden System, werden sie hier nicht erwähnt.

Kreditkarten mit Telefonchip

In Deutschland werden die Kreditkarten verschiedener Emittenten auf Wunsch des Kunden mit einem Telefonchip ausgestattet.

1995 waren ca. 300.000 AirPlus-Karten ausgegeben. AirPlus-Karten sind als EUROCARD oder als VISA-Karte erhältlich. Etwa zwei Drittel sind mit dem Chip der Telefonbuchungskarte ausgestattet. Die AirPlus-Karte war die erste Karte, die mit diesen beiden Funktionen angeboten wurde.

Inzwischen bieten auch andere Kreditkarten-Emittenten diese Kombination von Funktionen an, z. B. wirbt die Deutsche Bank für die EUROCARD GOLD mit integriertem Telefonchip. Seit Anfang 1994 werden auf Wunsch der Kunden auch die von der NordLB in Hannover ausgegebenen EUROCARDs mit dem Telefonchip ausgestattet.

Mobilfunkkarten mit Bankkarten-Funktionen

Die erste Karte, bei der Bankfunktionen in eine als SIM (Subscriber Identification Module) bezeichnete Mobilfunkkarte integriert wurden, ist die Barclaycard in Großbritannien. Mit dieser Mobilfunkkarte kann eine Reihe von Bankdienstleistungen in Anspruch genommen werden. Funktionale Erweiterungen sind vorgesehen. Barclaycard will für dieses Kartensystem mehrere hunderttausend Teilnehmer gewinnen.

Automobilkarten mit Kreditkarten-Funkion

Für die Eigentümer von Nissan-Automobilen gibt eine Tochtergesellschaft der Nissan Motor Co. Ltd. unter der Bezeichnung Nissan Car Life Card Chipkarten aus. Das Hauptziel, das mit der Ausgabe dieser Karten erreicht werden soll, ist eine Verstärkung der Kundenbindung.

Die Basisanwendungen der Karte sind Service- und Discount-Funktionen. D. h. in der Karte sind Daten des Karteninhabers und Fahrzeug- und Wartungsdaten gespeichert, die bei jeder Fahrzeugwartung aktualisiert werden, und dem Karteninhaber wird ein 5-prozentiger Preisnachlaß gewährt. Darüber hinaus gewährt der Händler, der die Karte ausgegeben hat, Nachlässe, deren Höhe sich nach der Anzahl der durchgeführten Fahrzeug-Inspektionen und dem Gesamtbetrag, der über die Kreditkartenfunktion der Karte bezahlt wurde, richtet.

Zusätzlich zu diesen Funktionen kann die Karte mit der JCB-Kreditkarten-Funktion oder der VISA-Kreditkartenfunktion ausgestattet werden. Sie wird dann als Nissan Car Life JCB Card oder als Nissan Car Life VISA Card bezeichnet. Bereits 1994 waren fast 600.000 Karten ausgegeben.

4   Computer-Sicherheit

Daten in Computersystemen sind in Gefahr, durch Unberechtigte manipuliert zu werden, sei es in den Rechnersystemen oder während der Übertragung von einem System zum anderen. Mit Hilfe von Chipkarten-Systemen kann der Zugriff durch Unberechtigte verhindert, und Manipulationsversuche während der Datenübertragung können erkennbar gemacht werden.

Die Echtheit elektronisch gespeicherter und übertragener Daten und die Vertraulichkeit elektronischer Nachrichten müssen ebenso zu gewährleisten sein wie bei den bisher vorherrschenden Papierdokumenten.

4.1   Zugriffsschutz

Systeme, die den Zugriff durch Unberechtigte – meistens mit Hilfe von Passwords – verhindern sollen, werden schon seit längerer Zeit eingesetzt. Seit Ende der achtziger Jahre haben vor allen Dingen Banken neue Systeme auf der Basis von Chipkarten eingeführt.

Die Firma IBM hat zur Absicherung von IBM-Rechnersystemen ein Sicherheitssystem entwickelt, in dem Chipkarten eingesetzt werden. Dieses System, das als Transaction Security System (TSS) bezeichnet wird, wurde bisher in Deutschland nicht eingesetzt. Da mit diesem System nur reine IBM-Systeme abgesichert werden können, ist für heterogene Computer-Netze eine entsprechende technische Ergänzung nötig. Die Firma KryptoKom hat ein solches Sicherheitssystem entwickelt, in dem ebenfalls Chipkarten benutzt werden. Es kann – mit geeigneten Adapterkarten – für alle wichtigen Hardware-Systeme verwendet werden. Dieses System wurde unter anderem in einem Clearing-System italienischer Banken installiert.

In den meisten Fällen haben Computer-Sicherheitssysteme sowohl die Funktion Zugriffsschutz wie auch die Funktion Absicherung von Übertragungswegen. Die Absicherung von über Leitungen übertragenen Daten gegen Manipulation kann aber auch unabhängig von Zugriffsschutzsystemen installiert werden.

Die Zugriffsschutzsysteme, die hier als Beispiele genannt sind, wurden speziell für das genannte Unternehmen bzw. die erwähnte Institution entwickelt, sozusagen „maßgeschneidert".

Allterminal PC Network Security System

Der Zugriff zu persönlichen Daten und vertraulichen Informationen in Computern wird im Rechnernetz des Local Police District Outside Stockholm über Chipkarten gesteuert.

Die Benutzer weisen sich gegenüber dem System mit ihrer Chipkarte und einer geheimen PIN aus. Die Karte bleibt während der Arbeit am PC im Kartenleser. Wird sie gezogen, geht der Rechner automatisch in den Standby Modus. Wird nicht innerhalb eines definierten Zeitraums die Karte wieder eingegeben, wird der PC automatisch neu gebootet.

Alle auf der Hard Disk gespeicherten Daten werden verschlüsselt. Für die sichere Kommunikation innerhalb des Rechnernetzes sind Authentifikationsverfahren auf der Basis des RSA-Algorithmus installiert. Optional kann ein Modul für digitale Signaturen eingesetzt werden.

Hamburger Sparkasse

Der Zugriff zum Computersystem der Hamburger Sparkasse wird über Chipkarten gesteuert, in denen die Berechtigungsprofile der einzelnen Mitarbeiter gespeichert sind. Um am Rechner arbeiten zu können, muß der Mitarbeiter seine Chipkarte in den Kartenleser stecken und eine geheime PIN eingeben, die in der Chipkarte geprüft wird. Die Arbeit am Rechner ist nur möglich, solange die Chipkarte gesteckt ist. Wird sie aus dem Kartenleser gezogen, wird die Anwendung automatisch beendet.

NMB Bank

Die NMB Bank hat bereits in den achtziger Jahren ein Chipkarten-Zugriffschutzssystem eingeführt. Es dient dem Zugriffsschutz und der Absicherung der Übertragungswege. Der Mitarbeiter muß eine Unterschrift leisten, um am Rechner arbeiten zu können. Die Unterschriftsdynamik (siehe Abschnitt 8.6.3) wird mit den entsprechenden in der Chipkarte gespeicherten Werten verglichen.

USE

Weltweit müssen alle 4.300 Unternehmen der Finanzwirtschaft, die das SWIFT-Systems nutzen, dieses Zugriffsschutzsystem verwenden. Der Benutzer muß die Chipkarte in einen manipulationssicheren Chipkartenleser stecken und seine geheime PIN eingeben.

Die Berechtigungen werden in der Chipkarte gespeichert und nicht im Computersystem, so daß kein System-Operator Passwords oder Berechtigungen in das System eingeben muß. Die kryptografischen Funktionen des USE-Systems beruhen auf einem von SWIFT entwickelten privaten Algorithmus. Das Key Management basiert auf dem RSA-Algorithmus.

4.2   Dokumentensicherheit

Die Speicherung, Bearbeitung und Übertragung von Dokumenten in Rechnern und Rechnernetzen spielt schon heute eine große Rolle in der Geschäftswelt und wird an Bedeutung noch gewinnen.

Um eine der Papierform entsprechende Sicherheit für die Echtheit von Dokumenten zu erlangen, werden digitale Signaturen verwendet. Sie werden mit Hilfe kryptografischer Algorithmen erzeugt und geprüft. Dieselben Algorithmen werden auch verwendet, um die Geheimhaltung vertraulicher Informationen sicherzustellen.

Damit digitale Signaturen unternehmens- und systemübergreifend verwendet werden können, haben in Deutschland 10 verschiedene Firmen auf der Basis der von der TELETRUST Deutschland e.V. geleisteten Vorarbeiten kompatible Systeme für den verbindlichen elektronischen Dokumentenaustausch entwikkelt. Jedes dieser 10 Unternehmen hat einen seinem spezifischen Know-how entsprechenden Beitrag zu dem als MailTrust bezeichneten Projekt geleistet.

Relevante Normen

ANSI X3.92
Data Encryption Algorithm

ANSI X9.9
Financial Institution Message Authentication

CEN
prEN 726-3
Terminal Equipment; Requirements for IC Cards and Terminals for Telecommunication Use.
Part 3: Application independent Card Requirements
prEN 1546
Identification Card Systems – Inter-sector Electronic Purse.
Part 1: Concepts and Structures
prEN 1546
Identification Card Systems – Inter-sector Electronic Purse.
Part 2: Security Architecture
prEN 1546
Identification Card Systems – Inter-sector Electronic Purse.
Part 3: Data Elements and Interchanges
prEN 1546
Identification Card Systems – Inter-sector Electronic Purse.
Part 4: Devices
prETS 300 331
Radio Equipment and Systems; Digital European Cordless Telecommunications; Common Interface; DECT Authentication Module

ETSI GSM 11.11
European digital cellular Telecommunications System

FIPS Publication 46
Data Encryption Standard

ISO 7810
Identification cards – Physical characteristics

ISO 7811
Identification cards – Recording technique
Part 1: Embossing

ISO 7811

Identification cards – Recording technique
Part 2: Magnetic Stripe

ISO 7811

Identification cards – Recording technique
Part 3: Location of embossed characters on ID-1 card

ISO 7811

Identification cards – Recording technique
Part 4: Location of read-only magnetic tracks –
Tracks 1 and 2

ISO 7811

Identification cards – Recording technique
Part 5: Location of read-write magnetic track – Track 3

ISO 7812

Identification cards – Numbering system and registration
procedure for issuer identifiers

ISO 7813

Identification cards – Financial transaction cards

ISO 7816

Identification cards – Integrated circuit(s) cards with contacts
Part 1: Physical characteristics

ISO 7816

Identification cards – Integrated circuit(s) cards with contacts
Part 2: Dimension and location of the contacts

ISO 7816

Identification cards – Integrated circuit(s) cards with contacts
Part 3: Electronic signals and transmission protocols

ISO 7816

Identification cards – Integrated circuit(s) cards with contacts
Part 4: Inter-industry commands for interchange

ISO 7816

Identification cards – Integrated circuit(s) cards with contacts
Part 5: Registration system for application in IC cards

ISO 7816

Identification cards – Integrated circuit(s) cards with contacts
Part 6: Inter-industry data elements

ISO 4909

Bank cards – Magnetic stripe data content for track 3

ISO 7580

Identification cards – Card originated messages – Content for financial transactions

ISO 8583

Financial transaction card originated messages – Interchange message specifications

ISO 9564

Banking – Personal Identification Number management and security
Part 1: PIN Protection principles and techniques

ISO 9564

Banking – Personal Identification Number management and security
Part 2: Approved algorithms for PIN encipherment

ISO 9807

Banking-Requirements for message authentication (Retail)

ISO 10202

Financial transaction cards: Security architectures of financial transaction systems using integrated circuit cards
Part 1: Card life cycle

ISO 10202

Financial transaction cards: Security architectures of financial transaction systems using integrated circuit cards
Part 2: Transaction process

ISO 10202

Financial transaction cards: Security architectures of financial transaction systems using integrated circuit cards
Part 3: Cryptographic key relationship

ISO 10202

Financial transaction cards: Security architectures of financial transaction systems using integrated circuit cards
Part 4: Security application modules

ISO 10202

Financial transaction cards: Security architectures of financial transaction systems using integrated circuit cards
Part 5: Use of algorithms

ISO 10202

Financial transaction cards: Security architectures of financial transaction systems using integrated circuit cards
Part 6: Cardholder verification

ISO 10536

Identification cards – Contactless integrated circuit(s) cards
Part 1: Physical Characteristics

ISO 10536

Identification cards – Contactless integrated circuit(s) cards
Part 2: Dimension and location of coupling areas

ISO 10536

Identification cards – Contactless integrated circuit(s) cards
Part 3: Electronic Signals and Mode Switching

ISO/DIS 9992

Financial transaction cards – Messages between the integrated circuit card and the card accepting device
Part 1: Concepts and structures

ISO/DIS 9992

Financial transaction cards – Messages between the integrated circuit card and the card accepting device
Part 2: Functions

ISO/DIS 9992

Financial transaction cards – Messages between the integrated circuit card and the card accepting device
Part 3: Messages (commands and responses)

ISO/DIS 9992

Financial transaction cards – Messages between the integrated circuit card and the card accepting device
Part 4: Common data for interchange

ISO/DIS 9992

Financial transaction cards – Messages between the integrated circuit card and the card accepting device
Part 5: Data elements organisation

ISO/DIS 10373

Identification cards – Test methods

VME

VISA, MasterCard, Europay
Integrated Circuit Card - Specification for Payment Systems

Abkürzungsverzeichnis

ABS

Acrylnitril-Butadien-Styrol
Für die Herstellung von Chipkarten, besonders für das Spritzgußverfahren geeignetes Plastikmaterial

ADEPT

Automated Debiting and Electronic Payment for Transport
Von der Europäischen Gemeinschaft finanziertes Forschungsprojekt

ADESA

Association Dental Espãnola

ANSI

American National Standard Institute

A-PET

Amorpher Polyester
Für die Herstellung von Chipkarten geeignetes Plastikmaterial

BEF

Belgische Francs

CEN

Comité Européen de Normalisation
Europäisches Normierungsgremium

CPU

Central Processing Unit
Zentrale Recheneinheit eines Computers

DCS 1800

Digital Cellular System
Der Standard entspricht dem GSM-Standard, unterscheidet sich aber in der verwendeten Frequenz. 1800 steht für die gegenüber dem GSM-Standard doppelt so hohe Frequenz von 1.800 Megahertz.

DEA

Data Encryption Algorithm
Bezeichnung des ANSI für den DES

DES

Data Encryption Standard
FIPS-Veröffentlichung des Algorithmus unter dieser Bezeichnung 1977

DFÜ

Datenfernübertragung

DIN

Deutsche Industrienorm

DK

Dänische Kronen

ec-Karte

Abkürzung für eurocheque-Karte

EEPROM

Electrically erasable programmable read only memory
Speicher für Programme und Daten, die während der Anwendung geändert oder gelöscht werden sollen. Die Daten in diesem Speicherbereich bleiben ohne Stromzufuhr erhalten.

E^2PROM

Umgangssprachlich für EEPROM

EMV

Die Abkürzung steht für Europay, MasterCard, VISA.
Ebenfalls gebräuchliche Bezeichnung für die VME-Spezifikation

EPROM

Erasable programmable read only memory
Speicher, in dem die Daten ohne Stromzufuhr erhalten bleiben. Da diese Speicher nur mit UV-Strahlung wieder gelöscht werden können, werden sie in der modernen Chipkartentechnik nicht mehr verwendet.

FIM

Finnmark

FIPS

Federal Information Processing Standard
Diese Normen werden herausgegeben vom National Bureau
of Standards und gelten in erster Linie für die Verwendung
in staatlichen Stellen in den USA.

GAA

Geldausgabeautomat

GSM

Diese Abkürzung stand ursprünglich für Groupe Speciale
Mobile. Ein in Europa entwickelter, internationaler Standard
für digitale Mobilfunknetze. Heute wird der GSM-Standard
als Global System for Mobile Communications bezeichnet.

G & D

Giesecke & Devrient, München

ISO

International Standard Organisation
Internationales Normierungsgremium

IVHS

Intelligent Vehicle and Highway Systems programme
Forschungsprogramm in den USA über die Nutzung moder-
ner Informations- und Kommunikationstechnologie für die
Optimierung des Straßenverkehrs

JCB

Japanische, international operierende Kreditkarten-
Organisation

K

Abkürzung für Kilo (z.B. in Kilobyte)
Entspricht 1024. Die Zahl 1024 ist eine Potenz von 2.

k

Abkürzung für Kilo
Entspricht 1000

KTAS

Kopenhagener Telefongesellschaft
Wichtigste dänische PTT

MAC

Message Authentication Code
Prüfwert, anhand dessen die Echtheit von elektronisch erzeugten, übermittelten oder gespeicherten Daten festgestellt
werden kann.

MAC

Money Access Service Network, USA

MARC

Multi-technology Automated Reader Card
Chipkartensystem, das im Auftrage des US-amerikanischen
Verteidigungsministeriums erprobt wird.

MM-Verfahren

MM ist die Abkürzung für moduliertes Merkmal.
Ein Verfahren, das im Auftrag des deutschen Kreditgewerbes zur Echtheitsprüfung für die eurocheque-Magnet-
streifenkarten entwickelt wurde.

NBS

National Bureau of Standards
US-amerikanische Normierungsinstitution

NETS

Network for Electronic Transfers Pte Ltd.
Clearing-Center für die CashCard Electronic Purse in Singapur.

NIPS

Nationwide Integrated Payment System
Unternehmen in Finnland, in dem Busunternehmen und
städtische Verkehrsbetriebe zusammengeschlossen sind

NMB

Nederlandse Middenstandsbank
drittgrößte Universalbank der Niederlande

PC

Personal Computer

PC

Polycarbonat
Für die Herstellung von Chipkarten geeignetes, aber relativ
teures Plastikmaterial

PETP

Polyethylenterephtalat
Für die Herstellung von Chipkarten weniger geeignetes
Plastikmaterial

PIN

Personal Identification Number
Persönliche Geheimnummer

PMMA

Polymethylmethacrylat
Für die Herstellung von Chipkarten weniger geeignetes
Plastikmaterial

POS

Point of Sale
Ort der Kaufentscheidung

PP

Polypropylen
Für die Herstellung von Chipkarten weniger geeignetes
Plastikmaterial

PTT

Post-, Telegrafen- und Telefongesellschaft

PVC

Polyvinylchlorid
Für die Herstellung von Chipkarten am häufigsten verwen-
detes Plastikmaterial

RAM

Random Access Memory
Arbeitsspeicher

ROM

Read Only Memory

RSA

Nach den Wissenschaftlern Rivest, Shamir, Adleman, die ihn
entwickelt haben, benannter asymmetrischer kryptografischer Algorithmus

SEMP

Sociedad Espãnola de Medios de Pago
Spanisches Bankenkonsortium. Betreibergesellschaft des
spanischen Electronic Purse-Systems.

SIBS

Sociedade Interbancaria de Serviços
Gemeinsamer Kartenprozessor der portugiesischen Banken

SIM

Subscriber Identification Module
So wird die Chipkarte in GSM-Netzen bezeichnet. SIMs
können Karten im Scheckkartenformat oder Plug-Ins sein.

SWIFT

Society for Worldwide Interbank Financial Telecommunications
Weltweites Netz für bankenübergreifende Finanztransaktionen

TSS

Transaction Security System
Chipkarten-basiertes Sicherheitssystem der Firma IBM für
IBM-Computer-Systeme

USE

Users Security Enhancement
Zugriffsschutzsystem für das SWIFT-System

VDV

Verband Deutscher Verkehrsunternehmen

VME

VISA, MasterCard, Europay- Chipkarten-Spezifikation

XOR

Exklusiv-Oder-Verknüpfung
Methode, zwei binäre Werte miteinander zu verknüpfen.
Die Verknüpfung von zwei Bits erfolgt dabei in der folgenden Weise:

$$0 + 0 = 0$$
$$0 + 1 = 1$$
$$1 + 1 = 0$$

Glossar

Einige der hier aufgeführten Begriffe sind Marken- oder Produktnamen. Die Information, ob es sich dabei um eingetragene Warenzeichen handelt, lag nicht in allen Fällen vor. Wird ein Begriff ausdrücklich als „Warenzeichen" bezeichnet, handelt es sich auch um ein eingetragenes Warenzeichen.

AirPlus
Markenzeichen einer von der Lufthansa emittierten Kreditkarte, die mit einem Telefonbuchungschip ausgestattet sein kann

Algorithmus
Rechenverfahren

Authentisierung
Prüfung der Echtheit bzw. Glaubwürdigkeit eines Systemteilnehmers oder einer Systemkomponente

Authentizität
Echtheit, Glaubwürdigkeit

Autorisierung
Allgemein: Bevollmächtigung
Im Zahlungsverkehr: Bestätigung eines Kartenzahlungsvorgangs. Entspricht einer Zahlungsgarantie

AVANT
Produktbezeichnung des finnischen Electronic Purse Systems

Backup
Für den Fall der Funktionsunfähigkeit eines Rechners sozusagen als Reserve vorgehaltene Rechnerleistung oder Datenbank

Bar Code
Wiedergabe einer meist numerischen Information in Form eines aufgedruckten Balkenmusters

Bit
kleinste Informationseinheit, Wert 0 oder 1

Biometrische Verfahren
Verfahren zur Prüfung der Identität von Systemteilnehmern auf der Basis individueller biologischer Merkmale

Black List
Liste von Karten, die aufgrund von Verlust- oder Diebstahlsmeldungen gesperrt wurden

Blankokarten
Unbedruckte oder nur mit einem Grundmotiv bedruckte, nicht personalisierte Kartenrohlinge

Blockübertragungsprotokoll
Protokoll zur Datenübertragung, dessen kleinste Übertragungseinheit ein Block, bestehend aus mehreren Bytes, ist

Bonden
Verbindung von Chip und Kontaktiereinheit mit sehr dünnen Golddrähten

Booten
Hochfahren eines Computersystems und Durchlaufen der Startroutinen

Byte
Informationseinheit, bestehend aus 8 Bits

Carrier
Mit Kartendaten und anderen Informationen bedrucktes Blatt oder bedruckter Karton, in dem die Karte für den Versand befestigt wird

CashCard
Produktbezeichnung der Electronic Purse-Karte in Singapur

Challenge response Verfahren
Verfahren zur Authentisierung von Systemkomponenten

ChipCard
Produktbezeichnung der Deutschen Lufthansa für ein Chipkartensystem zur Automatisierung von Check-in und Boarding

Chipkartenleser
Lese-/Schreibeinheit für Chipkarten

Cipher text
kryptografisch verschlüsselter Text

Clearing

Teilfunktion eines Abrechnungsverfahrens, mit dem Gut- und Lastschriften bankbezogen saldiert werden

Clear text = plain text

unverschlüsselter bzw. entschlüsselter Text

close coupling

Verfahren zur Datenübertragung zwischen kontaktlosen Karten und Endgeräten, bei dem der Abstand zwischen Chip und Chipkartenleser nicht größer als 2 mm ist

C-Netz

Mobilfunknetz der Deutschen Telekom
Aktueller Produktname C-Tel

Co-branding

Funktionen, die von verschiedenen Kartenemittenten angeboten werden, sind in einer Karte kombiniert. Die Logos beider Emittenten erscheinen auf der Karte.

C-Tel

Produktname des älteren deutschen, nationalen Mobilfunknetzes

Datenbank

Nach bestimmten Kriterien strukturierte, größere Datenmengen

Datenstring

Zusammenhängende Folge von Daten

Debitkarte

Karte im Zahlungsverkehr, bei der die Abbuchung vom Konto des Kunden unmittelbar nach dem Zahlungsvorgang fällig ist

Die

Siliziumkristalle, auf denen sich ein einzelner Chip befindet

Digitale Signatur

Mit Hilfe eines asymmetrischen Algorithmus erzeugter Prüfwert für elektronisch erzeugte, übermittelte und gespeicherte Daten

Duplikat

Eine oder mehrere gefälschte Karten, für deren Herstellung die Daten echter Karten verwendet wurden

D1

GSM-Mobilfunknetz der DeTeMobilnet GmbH (Tochtergesellschaft der Deutschen Telekom)

D2

Mannesmann GSM-Mobilfunknetz

DANMØNT

Betreibergesellschaft des dänischen Electronic Purse-Systems

DRIVE

Von der europäischen Gemeinschaft finanziertes Forschungsprojekt über den Einsatz moderner Informations- und Kommunikationstechnologie zur Verkehrsoptimierung

e plus

DCS 1800 Mobilfunknetz

ecash

Produktbezeichnung des von der holländischen Firma digicash entwickelten bargeldlosen Zahlungssystems

Electronic Purse

Elektronische Geldbörse

electronic cash

Produktbezeichnung des deutschen Systems zur automatisierten Abwicklung von eurocheque-Kartenzahlungen mit PIN-Eingabe

Elektronische Unterschrift = digitale Signatur

Emittent

Eine Institution, die Karten ausgibt (emittiert)

Endgerät

Gerät, in dem mit Hilfe eines Chipkartenlesers die Kommunikation mit der Chipkarte abgewickelt und in dem die anwendungsspezifische Bearbeitung ausgeführt wird

EUROCARD

Markenname einer europäischen Kreditkarte
Wird von Banken ausgegeben. Gehört zum weltweiten MasterCard-Verbund.

eurocheque
> Markenname eines von allen Institutsgruppen des deut-
> schen Bankenwesens getragenen europäischen Karten-
> systems

Europay
> Organisation europäischer Banken
> Erarbeitet Strategien für die EUROCARD- und eurocheque-
> Aktivitäten.

false accept rate
> Fehl-Erkennungsrate bei biometrischen Verfahren
> Ein falsches Merkmal wird als echt erkannt.

false reject rate
> Fehl-Erkennungsrate bei biometrischen Verfahren
> Ein echtes Merkmal wird als falsch erkannt.

Feldtest = Pilotphase

Feldversuch = Pilotphase

Flag
> Datenelement, dessen Inhalt einen bestimmten Zustand in
> einer Anwendung anzeigt

Flash Memory
> EEPROM-Technologie, bei der die Informationen nur
> blockweise gelöscht oder geschrieben werden können – im
> Gegensatz zu herkömmlichen EEPROMs, bei denen jede
> einzelne Zelle angesteuert werden kann
> Flash Memory-Technik ermöglicht kleinere und damit ko-
> stengünstigere Bauweise der Chips und einfachere Zugriffs-
> logik

Floor Limit
> Höchstbetrag für Kreditkarten, bis zu dem die Zahlung ga-
> rantiert wird, ohne daß bei der zuständigen Stelle eine Au-
> torisierung eingeholt wird

Food Stamps
> System in den USA zur Versorgung von Personen, deren
> Einkommen gering ist, mit kostenlosen Lebensmitteln

GeldKarte

Bezeichnung der Electronic Purse-Funktion des deutschen Kreditgewerbes.
Wird nach erfolgreichem Pilottest sowohl in eurocheque- und Kundenkarten der deutschen Banken und Sparkassen integriert als auch als kontounabhängige Chipkarte realisiert

Hash-Algorithmus

Algorithmus zur Datenkomprimierung als Einwegfunktion D.h. eine Rekonstruktion der Daten aufgrund der komprimierten Daten ist nicht vorgesehen.

Hologramm

Dreidimensionales Bild

Hot Card File

Datei, in der Daten von Karten gespeichert sind, die aktuell mißbräuchlich eingesetzt werden

Hybridkarte

Karte mit verschiedenen technischen Speichermedien.
Meistens wird dieser Begriff für Karten verwendet, die sowohl einen Chip als auch einen Magnetstreifen haben.

Initialisierung

Prozedur, bei der bestimmte Daten im Chip eingetragen werden müssen, bevor die Karte das erste Mal verwendet werden kann

Input

Zur Bearbeitung an ein Computerprogramm oder die Teilfunktion eines Programmes gegebene Daten

Internet

weltweites, offenes Computernetz

Karteninhaber

Person, für die eine Karte ausgestellt wurde, die von niemand anderem benutzt werden darf

Key

kryptografischer Schlüssel

kompatibel

Kompatibel sind Geräte oder Anwendungen der elektronischen Datenverarbeitung dann, wenn sie miteinander Daten austauschen können, oder eines anstelle des anderen verwendet werden kann.

Komprimierung

Verfahren, eine größere Menge Daten in einer kleineren Menge so abzubilden, daß daraus die ursprünglichen Daten rekonstruiert werden können

Kreditkarte

Zahlungskarte, bei der ein meist revolvierender Kredit für die mit der Karte getätigten Zahlungen eingeräumt wird.

Auch Karten, die nicht mit einem Kredit, sondern mit einem festgelegten Zahlungsziel (z.B. Abrechnung einmal monatlich) verbunden sind – und das ist in Deutschland meistens der Fall – werden als Kreditkarten bezeichnet.

Krypto-Einheit

Hardware-Einheit, die alle Sicherheitsanforderungen an kryptografische Geräte erfüllt, in denen Schlüssel im Klartext gespeichert werden und kryptografische Algorithmen ablaufen

Kryptografie

Verfahren zur Ver- und Entschlüsselung von Daten und zur Bildung von Prüfwerten, anhand derer die Echtheit der Daten festgestellt werden kann

Kryptografische Schlüssel

Nach den Regeln des jeweiligen Verfahrens erzeugte Werte, die in der Kryptografie zur Ver- und Entschlüsselung von geheimen Schlüsseln und Daten und zur Bildung und Prüfung von Prüfwerten verwendet werden

Laminierung

Verbinden von verschiedenen Kunststoffschichten unter Druck und Wärmeeinwirkung

Latkarte

Produktbezeichnung der Electronic Purse-Karte in Lettland

Logo

Firmenzeichen

MailTrust

Bezeichnung des von einer Reihe verschiedener Unternehmen in Deutschland getragenen Projekts zur Anwendung der digitalen Signatur und von Verschlüsselungsverfahren für den elektronischen Datenaustausch

Marke

Eingetragenes, geschütztes Warenzeichen

Maske

Betriebssystem eines Prozessorchips
Wird während der Chip-Herstellung in das ROM eingebrannt

MasterCard

Markenname eines weltweit operierenden Kreditkartensystems

Master Key

Hauptschlüssel in einem kyptografischen System, mit dem
andere Schlüssel verschlüsselt werden

Mikrocontroller = Prozessorchip

Minitel

Französisches Gerät für die vorwiegend private Nutzung
von On-line-Diensten

Modul

Chip, Gehäuse und Kontaktierfläche

Mondex

Produktbezeichnung der englischen Electronic Purse

Multifunktionskarten

Karten, die für mehr als eine Anwendungsfunktion verwendet werden können

Netzbetreiber

Organisation, die ein Kommunikationsnetz, bestehend aus
Rechnern, Übertragungsleitungen und Endgeräten oder An-
schlüssen für Endgeräte, betreibt

Non Repudiation

Unmöglichkeit, die Urheberschaft zu leugnen

off line

Ohne Verbindung zu einem Computersystem

on line

Mit Verbindung zu einem Computersystem

Operator

Bediener eines größeren Computersystems, zu dessen Aufgaben es gehört, Anwendungen zu starten und die Be-
triebsbereitschaft des Systems sicherzustellen

Output

Daten, die von einem Computerprogramm oder einer Teilfunktion eines Programmes bearbeitet wurden und einem
anderen Programm oder dem Benutzer zur Verfügung gestellt werden

Passwort

Geheimzuhaltender Begriff, mit dem ein Computerbenutzer
sich gegenüber dem System ausweist

PayCard

Gemeinschaftsprodukt der Deutsche Bahn AG, der Deutsche Telekom AG und des VDV

Pay-TV

Fernsehsysteme, bei denen der Zuschauer nur bezahlt, was
er auswählt oder bei denen er Programme in Form eines
Abonnements bezieht
Die Übertragung erfolgt codiert. Für die Decodierung müssen spezielle technische Geräte erworben werden. Damit
soll sichergestellt werden, daß nur Zuschauer, die korrekt
bezahlen, diese Programme sehen können.

Plug-In

Sehr kleine Chipkarte für den Mobilfunk, die in die Geräte
gesteckt wird
Im Gegensatz zu den Chipkarten für den Mobilfunk im
Scheckkartenformat sind sie dafür gedacht, im Gerät zu
bleiben

Prozessorchip = Mikrocontroller

Ein für Chipkarten typischer Prozessorchip besteht aus CPU,
RAM, ROM, EEPROM und Ein-/Ausgabeeinheit.

Permutation

Umstellung in der Reihenfolge bei einer Zusammenstellung
einer bestimmten Anzahl geordneter Größen

Personalisierung

Vorgang, in dessen Verlauf Karteninhaber-bezogene Daten
auf das Kartenmaterial und den bzw. die Datenträger geschrieben werden

Pilotphase

Systemtest unter Praxisbedingungen in kleinerem Maßstab

Pilotprojekt = Pilotphase

Pilottest = Pilotphase

Pilotversuch = Pilotphase

Plain text = clear text

Private key
Geheimer Schlüssel eines asymmetrischen kryptografischen Verfahrens

Protokoll
Festlegung der physikalischen und logischen Details der Kommunikation zwischen technischen Komponenten

PROTON
Markenname des belgischen Electronic Purse Systems

public key
Öffentlicher Schlüssel eines asymmetrischen kryptografischen Algorithmus

real time
Zum Zeitpunkt der Transaktion

remote coupling
Verfahren zur Datenübertragung zwischen kontaktlosen Karten und Endgeräten, bei dem die Chipkarte in bis zu 10 cm Entfernung am Endgerät vorbeigeführt wird

Renewal
Turnusmäßige Ausgabe von Karten für den erneuten Einsatz der Karte nach Ablauf der Verfallzeit

Sanacard
Schweizer Chipkarte im Gesundheitswesen

secret key
Geheimer Schlüssel eines symmetrischen kryptografischen Verfahrens

semi weak key
Schlüssel, der aufgrund seiner Beschaffenheit nicht als DES-Schlüssel verwendet werden darf

Service Provider
Unternehmen, die bestimmte Dienstleistungen anbieten
Firmen, die Mobilfunksysteme vertreiben, werden so bezeichnet.

smart card

Karte mit einem Mikroprozessorchip

Software Download

Laden von Software in ein System über eine Datenleitung

Standby Modus

Das Gerät bleibt betriebsbereit und braucht für die weitere Benutzung nicht die Startroutinen zu durchlaufen.

STARCOS

Smart Card Chip Operating System
Eingetragenes Warenzeichen der Firma G&D/GAO, München

STARPOS

Eingetragenes Warenzeichen der Austria Card Wien für die auf STARCOS entwickelte Anwendung der österreichischen eurocheque-Chipkarten

Terminal

Endgerät zur Bearbeitung von Chipkarten, Magnetstreifenkarten oder Hybridkarten, meistens bestehend aus Kartenlese-/-schreibeinheit, Tastatur, Display, Drucker und Datenübertragungseinheit

Transaktion

Vorgang
Folge von Nachrichten, die zwischen verschiedenen Systemkomponenten ausgetauscht werden und zu einem logischen Vorgang gehören

transparent

Nicht sichtbar, durchsichtig, so als wäre es nicht vorhanden. In der elektronischen Datenverarbeitung wird eine Systemkomponente oder ein Verarbeitungsschritt als transparent bezeichnet, wenn die Anwendungsdaten logisch nicht verändert werden. D. h. an den Daten läßt sich nicht feststellen, ob diese Systemkomponente bzw. dieser Verarbeitungsschritt durchlaufen wurden.

Transponder

Gerät, das die Kommunikation mit einem System übernimmt
Wird z. B. in elektronischen Mautsystemen verwendet

Transport-PIN

Bei der Personlisierung in den Chip geschriebene PIN Dadurch, daß eine Transport-PIN verwendet wird, wird sichergestellt, daß kein Unbefugter die Karte benutzen kann, wenn sie ihm auf dem Transportweg zum Karteninhaber in die Hände fällt. Sie ist nur für die Eintragung einer vom Karteninhaber gewählten PIN gültig. Der Karteninhaber muß die PIN ändern, bevor er die Karte benutzt.

Trust center

Institution, die die Echtheit öffentlicher Schlüssel zertifiziert

Settlement

Kontenausgleich im Rahmen eines Abrechnungsverfahrens

VISA

Markenname eines weltweit operierenden Kreditkartensystems

VISA cash

Markenname der Electronic Purse Chipkarte der VISA Organisation

wafer

Siliziumplatte, auf der sich eine Anzahl von Chips befindet. Während der Produktion werden sie in einzelne Dies zersägt.

weak key

Schlüssel, der aufgrund seiner Beschaffenheit nicht als DES-Schlüssel verwendet werden darf

Zertifizierung

Bestätigung, daß es sich bei einem public key um einen authentischen Schlüsel handelt bzw. daß ein Bauartmuster allen Sicherheitsvorschriften, die für die entsprechende technische Komponente gelten, entspricht

Zugriffsschutz

Maßnahmen zum Schutz von Computern, Programmen und Dateien vor unberechtigtem Zugriff

Zutrittskontrolle

Maßnahmen mit dem Ziel, den Zutritt unberechtigter Personen zu Sicherheitsbereichen auszuschließen

Computerrecht
Beck-Texte im dtv
ISBN 3-423-05562-6

Information Security for Managers
William Caelli, Dennis Longley, Michael Shain
Macmillan Publishers Ltd., Great Britain, 1989
ISBN 0-333-46203-3

Security for Computer Networks
D.W. Davies and W.C. Price
John Wiley & Sons Ltd., Great Britain, 1984
ISBN 0 471 90063 X

Prepayment Cards
The electronic purse becomes big business
Peter Harrop
Financial Times Business Information Ltd., Great Britain,
1991
ISBN 185334 151 7

Marketing-Management:
Analyse, Planung Umsetzung und Steuerung
Philip Kotler/Friedhelm Bliemel
7. Auflage
C.E. Poeschel Verlag Stuttgart, 1992
ISBN 3 7910 0504 9

Cryptography:
A New Dimension in Computer Data Security
Carl H. Meyer, Stephen M. Matyas
John Wiley & Sons, Inc. , USA, 1982
ISBN 0-471-04892-5

Handbuch der Chipkarten
Wolfgang Rankl und Wolfgang Effing
Carl Hanser Verlag München Wien, 1995
ISBN 3-446-17993-3

The International Smart Card Industry Guide
Smart Card News Ltd., 1994
ISBN 0 9524394

Elektronisches Geld
Ende der Geldmengensteuerung?
Dr. Hugo Godschalk,
Banken und Versicherungen 1982/ Band I

PVC Card Recycling
Herbert Grün
Card Manufacturing March/April 1995

Umweltbewußte Plastikkarten
Herbert Grün
Card Forum 8/95

Mit der PayCard bargeldlos fahren
Dipl.-Volkswirt Klaus Wergles
DER NAHVERKEHR 10/95

Bestandsaufnahme über die elektronischen Signaturverfahren
Gesellschaft für Mathematik und Datenverarbeitung
September 1992

The Smart Card Guide 94
Analyses & Synthèses Paris, February 1994

CREDIT CARD MANAGEMENT EUROPE
January/February 1994

mc extra 9/95
Ein Supplement der DOS-PC-Zeitschrift

DER SPIEGEL 33/95

Stern 37/95

Internationaler Datenschutz
Auszüge aus den Tätigkeitsberichten des Bundesbeauftragten für den Datenschutz

Tätigkeitsbericht 1993-1994
Der Bundesbeauftragte für den Datenschutz

A6 Quellenverzeichnis

Airplus, Frankfurt

Austria Card, Wien

Banksys, Brüssel

DeTeMobilnet GmbH, Bonn

Deutsche Lufthansa, Frankfurt

Deutsche Telekom, Bonn

e plus, Düsseldorf

GEMPLUS, Filderstadt

GZS Gesellschaft für Zahlungssysteme mbH, Frankfurt

KryptoKom GmbH, Aachen

Mannesmann Mobilfunk, Düsseldorf

Siemens AG, München

Sachwortverzeichnis